"十三五"国家重点出版物出版规划项目

装配式混凝土建筑基础理论及关键技术丛书

装配式建筑工程造价

主　编　杨华斌　路军平　吕士芳

副主编　王红平　张献梅

黄河水利出版社

·郑州·

内 容 提 要

本书根据装配式建筑工程造价行业需求和高等院校课程改革和人才培养目标的要求,并结合实际工程施工经验,依据《装配式建筑工程消耗量定额》(TY 01 – 01(01)– 2016)、《建设工程工程量清单计价规范》(GB 50500—2013)、《房屋建筑与装饰工程工程量计算规范》(GB 50854—2013)等相关规范和标准编写而成。本书共五章,主要内容包括装配式建筑工程造价概论、装配式建筑工程计价定额、工程量清单计价、装配式建筑工程造价全过程管理、装配式建筑构件生产成本管理。

本书可作为从事装配式建筑相关工作的人员培训用书,也可作为本科院校或职业院校土木工程等相关专业教材。

图书在版编目(CIP)数据

装配式建筑工程造价/杨华斌,路军平,吕士芳主编.—郑州:黄河水利出版社,2018.2

(装配式混凝土建筑基础理论及关键技术丛书)

"十三五"国家重点出版物出版规划项目

ISBN 978 – 7 – 5509 – 1966 – 2

Ⅰ.①装… Ⅱ.①杨…②路…③吕… Ⅲ.①建筑工程 – 工程造价 Ⅳ.①TU723.3

中国版本图书馆 CIP 数据核字(2018)第 027671 号

策划编辑:谌莉 电话:0371 – 66025355 E-mail:113792756@qq.com

出 版 社:黄河水利出版社
 地址:河南省郑州市顺河路黄委会综合楼14层 邮政编码:450003
发行单位:黄河水利出版社
 发行部电话:0371 –66026940、66020550、66028024、66022620(传真)
 E-mail:hhslcbs@126.com
承印单位:河南承创印务有限公司
开本:890 mm×1 240 mm 1/16
印张:11
字数:268 千字 印数:1—4 000
版次:2018 年 2 月第 1 版 印次:2018 年 2 月第 1 次印刷
定价:40.00 元

序

党的十八大强调，"坚持走中国特色新型工业化、信息化、城镇化、农业现代化道路"。十八大以来，习近平总书记多次发表重要讲话，为如何处理新"四化"关系、推进新"四化"同步发展指明了方向。推进新型工业化、信息化、城镇化和农业现代化同步发展是新阶段我国经济发展理念的重大转变，对于我们适应和引领经济新常态，推进供给侧结构性改革，切实转变经济发展方式具有重大战略意义，是建设中国特色社会主义的重大理论创新和实践创新。

在城镇化发展方面着力推进绿色发展、循环发展、低碳发展，尽可能减少对自然的干扰和损害，节约集约利用土地、水、能源等资源。2016 年印发了《国务院办公厅关于大力发展装配式建筑的指导意见》，明确要求因地制宜发展装配式混凝土结构、钢结构和现代木结构等装配式建筑。力争用 10 年左右的时间，使装配式建筑占新建建筑面积的比例达到 30%。住房和城乡建设部又先后印发了《"十三五"装配式建筑行动方案》《装配式建筑示范城市管理办法》《装配式建筑产业基地管理办法》等文件，全国部分省、自治区和直辖市也印发了各省（区、市）装配式建筑发展的实施意见，大力发展装配式建筑是促进建筑业转型升级、实现建筑产业现代化的需要。

发展装配式建筑本身是一个系统性工程，从开发、设计、生产、施工到运营管理整个产业链必须是完整的。企业从人才、管理、技术等各个方面都提出了新的要求。目前，装配式建筑专业人才不足是装配式建筑发展的重要制约因素之一，相关从业人员的安全意识、质量意识、精细化意识与实际要求存在较大差距。要全面提升装配式建筑质量和建造效率，大力推行专业人才队伍建设已刻不容缓。这就要求我们必须建立装配式建筑全产业链的人才培养体系，须对每个阶段各个岗位的技术、管理人员进行专业理论与技术培训；同时，建筑类高等院校在专业开设方面应向装配式建筑方向倾斜；鼓励社会机构开展装配式建筑人才培训，支持有条件的企业建立装配式建筑人才培养基地，为装配式建筑健康发展提供人才保障。

近年来，在国家政策的引导下，部分科研院校、企业、行业团体纷纷进行装配式建筑技术和人才培养研究，并取得了丰硕成果。此次由河南省建设教育协会组织相关单位编写的装配式混凝土建筑基础理论及关键技术丛书就是在此背景下应运而生的成果之一。依托中国建筑第七工程局有限公司等单位在装配式建筑领域 20 余年所积蓄的科研、生产和装配施工经验，整合国内外装配式建筑相关技术，与高等院校进行跨领域合作，内容涉及装配式建筑的理论研究、结构设计、施工技术、工程造价等各个专业，既有理论研究又有实际案例，数据翔实、内容丰富、技术路线先进，人工智能、物联网等先进技术的应用更体现了多学科的交叉融合。本丛书是作者团队长期从事装配式建筑研究与实践的最新成果展示，具有很高的理论与实际指导价值。我相信，阅读此书将使众多建筑从业人员在装配式建筑知识方面有所受益。尤其是，该丛书被列为"十三五"国家重点出版物出版规划项目，说明我们工作方向正确，成果获得了国家认可。本丛书的发行也是中国建设教育协会在装配式建筑人才培养实施计划的一部分工作，为协会后续开展大规模装配式建筑人才培养做了先期探索。

期待本丛书能够得到广大建筑行业从业人员，建筑类院校的教师、学生的关注和欢迎，在分享本丛书提供的宝贵经验和研究成果的同时，也对其中的不足提出批评和建议，以利于编写人员认真研究与采纳。同时，希望通过大家的共同努力，为促进建筑行业转型升级，推动装配式建筑的快速健康发展做出应有的贡献。

中国建设教育协会

二〇一七年十月于北京

前 言

近年来,随着我国经济的快速发展,环境污染、资源短缺及生态破坏的问题日益受到国家及社会各界的关注。大力发展装配式建筑是绿色、循环与低碳发展的必然要求,是提高绿色建筑与节能建筑建造水平的重要手段,是我国建造方式的重大变革,是推进供给侧结构性改革和新型城镇化发展的重要举措。国内外的实践表明,装配式建筑优点显著,有利于提高劳动生产效率、缩短工期、减少资源消耗、降低建筑垃圾和扬尘,有利于改善施工安全和工程质量,有利于促进建筑业与信息化、工业化深度融合,有利于发展新产业、培育新动能、推动化解过剩产能。

继《国务院办公厅关于大力发展装配式建筑的指导意见》发布后,全国各地也相继出台了装配式扶持政策和补贴标准,为装配式建筑发展营造良好氛围。但是,各地在推广装配式建筑过程中,普遍反映因我国装配式工业化设计体系不成熟,管理模式不健全,构件的标准化、通用程度不高,工厂生产优势没有完全发挥。装配和现场现浇结合作业,间接增加施工组织成本,导致装配式建筑成本普遍比传统建筑成本偏高。项目成本控制问题制约着装配式建筑的发展。本书依据国家装配式建筑消耗量、河南省装配式混凝土结构建筑工程补充定额以及其他省装配式建筑工程定额,结合装配式建筑一线构件生产、运输、安装施工工艺编写而成,重点对装配式建筑造价管理、计价依据、成本控制进行详细阐述。

本书可作为建筑行业相关人员的培训教材,供从事装配式建筑相关的工程咨询、建筑设计施工、房地产开发等专业人员参考使用,也可作为普通高等本科院校和职业技术院校土木工程相关专业的教材。

本书由杨华斌、路军平、吕士芳担任主编,由王红平、张献梅担任副主编,参编人员有郭一斌、李雪涛、宋显锐、李淑杰。全书由吕士芳统稿,由焦安亮、杨华斌审核。本书的编写得到了中国建筑第七工程局有限公司徐艳蕊、谢国兴、杜志俭等同志的技术支持,"十三五"国家重点研发计划项目"施工现场构件高效吊装安装关键技术与装备"(项目编号:2017YFC0703900)提供了最新研究成果,在此一并表示衷心的感谢!

本书尽管收集了大量的资料,并汲取了多方面的研究成果,但由于时间仓促和能力有限,书中难免存在不足之处,特别是针对统计数据和资料掌握方面不够及时完善,难以客观准确地反映装配式建筑计价的全貌。随着我国装配式建筑的全面发展,今后工作中还需日臻完善,欢迎各位读者提出宝贵意见和建议。

编 者
2017 年 12 月

目 录

第1章　装配式建筑工程造价概论

第 1 节　装配式工程相关概念及特点

　　装配式建筑是用预制部品部件在工地装配而成的建筑。主要包括装配式混凝土结构、装配式钢结构和现代木结构等建筑。装配式建筑采用标准化设计、工厂化生产、装配化施工、一体化装修、信息化管理、智能化应用,提高了技术水平和工程质量,促进了建筑产业转型升级。作为 21 世纪的新兴产业、绿色产业,装配式混凝土结构工程在保证质量、提高工效、节能节水、减少资源浪费等方面,较传统建筑施工有着明显的优越性,装配式建筑将成为现代建筑行业的重要发展方向。

1.1　装配式建筑工程相关概念

1.1.1　装配率

　　装配率又称 PC 率,是指建筑单体范围内,预制构件混凝土方量占使用的所有混凝土方量的比率。装配率指标反映建筑的工业化程度,装配率越高,工业化程度越高。

　　如上海的"建筑单体预制率"计算方法:

　　一般预制建筑适用:

$$建筑单体预制装配率\ V = \frac{标准层预制混凝土构件混凝土总体积}{标准层预制混凝土体积 + 现浇混凝土体积} \times 100\%$$

　　钢结构和混合结构建筑适用:

$$建筑单体预制装配率\ V = \sum(构件权重 \times 修正系数 \times 预制构件比例) \times 100\%$$

　　一般叠合楼板、预制楼梯、预制阳台、非夹心保温内外墙等的结构预制率在 30% 左右,预制外墙板、预制内墙板、非承重建筑分隔墙等的结构预制率在 50% 左右。

1.1.2　装配化率

　　装配化率指达到装配率要求的建筑单体的面积占项目总建筑面积的比率。

1.1.3　装配式建筑深化设计

　　装配式混凝土建筑在预制构件生产之前进行的设计称为装配式建筑专项深化设计。装配式混凝土建筑的深化设计应考虑工程的实际情况,对于采用标准预制构件的各类建筑结构,可使用标准图集的深化设计大样图及其施工方法。对于结构较复杂而设计文件规定又不够详细的,则需要进行深化设计。深化设计是设计工作的进一步延续,是作为施工依据的设计文件深化设计的结果。

1.1.4　预制构件运输

　　预制构件如果在运输环节发生损坏,将很难补修,既耽误工期又造成经济损失。因此,大型预制构件在运输前必须首先制订运输方案并重点策划运输路线,关注沿途限高(如天桥下机动车道限高 4.5 m,非机动车道限高 3.5 m)、限行规定(如特定时段无法驶入市区)、路况条件(如是否存在转弯半径无法满足要求情况)等。对构件运输过程中稳定构件的措施提出明确要求,确保构件运输过程中的完好性。

从预制构件厂到预制构件使用工地的距离并不是直线距离,况且运输构件的车辆为大型运输车辆,因交通限行超宽、超高等原因经常需要绕行,所以实际运输线路更长。

1.1.5　措施降效

1.脚手架降效

传统现浇建筑施工现场通常使用综合脚手架,而装配式建筑由于施工工艺的特殊性,在施工过程中通常采用挂架即可,大量减少了施工过程中脚手架的使用量及费用,预制装配率超过 65% 时,脚手架成本可节省 75% 以上。

2.模板支撑降效

装配式建筑的主要构件多采用工厂预制形式完成制作,施工现场所需支模量大幅降低。部分现浇部位如叠合楼板后浇部分可直接将预制构件作为现浇部分模板,也从一定程度上间接降低了施工模板的使用量,施工过程中楼板模板支撑用量减少 50% 以上,从而使模板支撑成本显著减少。

1.1.6　二次倒运及大型塔吊

由于预制混凝土构件的特殊性,在生产过程中,为了使蒸养时间和模具使用率发挥其最大经济性,构件企业必须安排提前生产,增加了二次倒运的成本。

装配式建筑工程施工对现场垂直运输机械要求较高,需使用较大型的塔式起重机,增加了超高造价。

1.2　装配式建筑工程的优点和局限性

和传统的建筑相比,装配式建筑工程主要具有以下优点和局限性。

1.2.1　优点

(1)构件可在工厂内进行产业化生产,施工现场可直接安装,方便又快捷,可缩短施工工期。

(2)构件在工厂采用机械化生产,产品质量更易得到有效控制。

(3)周转料具投入量减少,料具租赁费用降低。

(4)现场大量的装配作业,减少了施工现场湿作业量,有利于环保,并在一定程度上降低了材料浪费。

(5)设计标准化、管理信息化。构件越标准,生产效率越高,相应的构件成本就会下降,配合工厂的数字化管理,整个装配式建筑的性价比会越来越高。

(6)构件机械化程度高,可大幅减少现场施工人员配备。

1.2.2　局限性

(1)因目前国内相关设计、验收规范等滞后于施工技术的发展,装配式建筑在建筑物总高度及层高上均有较大的限制。

(2)建筑物内预埋件、螺栓等使用量有较大增加。

(3)构件工厂化生产因模具限制及运输(水平垂直)限制,构件尺寸不能过大。

（4）对现场垂直运输机械要求较高,需使用较大型的吊装机械。

（5）构件采用工厂预制,预制厂距离施工现场不能过远。

1.3　装配式建筑工程造价

1.3.1　装配式建筑工程造价的含义

装配式建筑工程造价通常是指在装配式建筑工程建设过程中预计或实际支出的费用。由于所处的角度不同,装配式建筑工程造价有两种不同的含义。

第一种含义:从投资者(业主)的角度分析,装配式建筑工程造价是指建设一项装配式建筑工程预期开支或实际开支的全部固定资产投资费用。投资者为了获得投资项目的预期效益,需要对项目进行策划决策及建设实施,直至竣工验收等一系列投资管理活动。在上述活动中所花费的全部费用,就构成了装配式建筑工程造价。从这个意义上讲,装配式建筑工程造价就是建设工程项目固定资产总投资。

第二种含义:从市场交易的角度分析,装配式建筑工程造价是指为完成一项装配式建筑工程,预计或实际在工程发承包交易活动中所形成的建筑安装工程费用或建设工程总费用。

显然,装配式建筑工程造价的第二种含义是以工程这种特定的商品形象作为交换对象,通过招标投标或其他交易形式,在进行多次预估的基础上,最终由市场形成的价格。通常把工程造价的第二种含义认定为工程承发包价格。

装配式建筑工程造价的两种含义是从不同角度把握同一事物的本质。

1.3.2　装配式建筑工程造价管理

1.3.2.1　装配式建筑工程造价管理的含义

装配式建筑工程造价管理有两种含义,一是指建设工程投资费用管理,二是指建设工程价格管理。

1. 建设工程投资费用管理

建设工程投资费用管理是指为了实现投资的预期目标,在拟订的规划、设计方案的条件下,预测、确定和监控工程造价及其变动的系统活动。建设工程投资费用管理属于投资管理范畴,它既涵盖了微观层面的项目投资费用管理,也涵盖了宏观层面的项目投资费用管理。

2. 建设工程价格管理

建设工程价格管理属于价格管理范畴。在市场经济条件下,价格管理一般分为两个层次:在微观层次上,是指生产企业在掌握市场价格信息的基础上,为实现管理目标而进行的成本控制、计价、定价和竞价的系统活动;在宏观层次上,是指政府部门根据社会经济发展的实际需要,利用现有的法律、经济和行政手段对价格进行管理和调控,并通过市场管理规范市场主体价格行为的系统活动。

上述两种工程造价管理的目的,不仅在于控制工程项目投资不超过批准的造价限额,更积极的意义在于合理地使用人力、物力、财力,以取得更大的投资效益。

1.3.2.2　全面造价管理的含义

1. 全寿命期造价管理

建设工程全寿命期造价是指建设工程初始建造成本和建成后的日常使用成本之和,包括建设前期、建设期、试用期及拆除期各个阶段的成本。

2. 全过程造价管理

建设工程全过程是指建设工程前期决策、设计、招标投标、施工、竣工验收等各个阶段，工程造价管理覆盖建设工程前期决策及实施的各个阶段，包括前期决策阶段的项目策划、投资估算、项目经济评价、项目融资方案分析；设计阶段的限额设计、方案比选、概预算编制；招标投标阶段的标段划分、承发包模式及合同形式的选择、标底编制；施工阶段的工程计量与结算、工程变更控制、索赔管理；竣工验收阶段的竣工结算与决算等。

3. 全要素造价管理

建设工程造价管理不能单就工程本身造价谈造价管理，因为除工程本身造价之外，工期、质量、安全及环保等因素均会对工程造价产生影响。为此，控制建设工程造价不仅是控制建设工程本身的成本，还应考虑工期成本、质量成本、安全及环保成本的控制，从而实现工程造价、工期、质量、安全、环境的集成管理。

4. 全方位造价管理

建设工程造价管理不仅是业主或施工单位的任务，还应该是政府建设行政主管部门、行业协会、业主方、设计方、施工方及有关咨询机构的共同任务。尽管各方的地位、利益、角度等有所不同，但必须建立完善的协同工作机制，才能实现建设工程造价的有效控制。

第 2 节　装配式建筑工程费用构成

2.1　装配式建筑工程项目的划分

装配式建筑工程项目划分与基本建设项目划分一样，所以本节内容就以基本建设项目划分为例讲述。

2.1.1　基本建设概念

基本建设是指国民经济各部门实现以扩大生产能力和工程效益等为目的的新建、改建、扩建工程的固定资产投资及其相关管理活动。它是通过建筑业的生产活动和其他部门的经济活动，把大量资金、建筑材料、机械设备等，经过购置、建筑及安装调试等施工活动形成新的生产能力或新的使用效益的过程。因此，基本建设是一种特殊的综合性经济活动。

2.1.2　基本建设项目的划分

根据基本建设管理及合理确定工程造价的需要，基本建设项目可划分为建设项目、单项工程、单位工程、分部工程和分项工程五个基本层次。

2.1.2.1　建设项目

建设项目是指具有经过有关部门批准的立项文件和设计任务书，经济上实行统一核算、行政上具有独立的组织形式、实行统一管理的建设工程总体。

一个建设单位就是一个建设项目。在一个总体设计或初步设计范围内，它由一个或若干个互相有内在联系的单项工程组成。如一个化工厂、一个铝厂、一所学校、一所医院等都是一个建设项目。

2.1.2.2　单项工程

单项工程是建设项目的组成部分，又称为工程项目。它是指具有独立的设计文件，建成后能独立发挥生产能力或效益的工程。如一所医院的门诊楼、住院楼、办公楼、宿舍楼、餐厅、锅炉房等都是单项工程。

2.1.2.3　单位工程

单位工程是单项工程的组成部分,指具有独立设计文件,可以有独立施工组织并可进行单体核算,但竣工后不能独立发挥生产能力和效益的工程。

通常按照单项工程所包含的工程内容的性质不同,根据能否独立施工,将一个单项工程划分为若干个单位工程,如一个生产车间由房屋建筑与装饰工程、电气照明工程、给水排水工程、工业管道安装、电气设备安装等单位工程组成。

2.1.2.4　分部工程

分部工程是单位工程的组成部分,是指按工程部位、结构形式、使用的材料、设备的种类及型号、工种等的不同来划分的工程项目。如房屋建筑与装饰工程中的土(石)方工程、桩与地基基础工程、砌筑工程、混凝土及钢筋混凝土工程等都属于分部工程。

2.1.2.5　分项工程

分项工程是分部工程的组成部分。根据不同的工种、不同的施工方法、不同的材料、不同的构造及规格,将一个分部工程分解为若干个分项工程。如砌筑工程可划分为砖基础、砖砌体、砖构筑物、砌块砌体、石砌体等多个分项工程。

分项工程是可用适当的计量单位计算和估价的建筑或安装工程产品,它是便于测定或计算的工程基本构成要素,是工程划分的基本单元。因此,工程量均按分项工程计算。

图 1-1 为某医院建设项目划分图,从图中可以看出建设项目、单项工程、单位工程、分部工程和分项工程的关系。

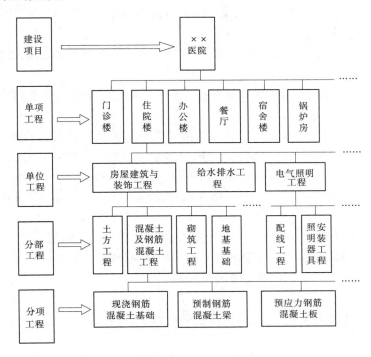

图 1-1　某医院建设项目划分

2.2 装配式建筑工程费用构成

根据住房和城乡建设部、财政部《关于印发〈建筑安装工程费用项目组成〉的通知》(建标〔2013〕44号),住房和城乡建设部办公厅《关于做好建筑业营改增建设工程计价依据调整准备工作的通知》(建办标〔2016〕4号),财政部和国家税务总局《关于全面推开营业税改征增值税试点的通知》(财税〔2016〕36号),结合实际,确定建设工程费用项目组成如下:分部分项工程费、措施项目费、其他项目费、规费、增值税组成,定额各项费用组成中均不含可抵扣进项税额。

2.2.1 分部分项工程费

分部分项工程费是指各专业工程的分部分项工程应予列支的各项费用。

2.2.1.1 专业工程

专业工程是指按现行国家计量规范划分的房屋建筑与装饰工程、仿古建筑工程、通用安装工程、市政工程、园林绿化工程、矿山工程、构筑物工程、城市轨道交通工程、爆破工程等各类工程。

2.2.1.2 分部分项工程

分部分项工程是指按现行国家计量规范对各专业工程划分的项目。如房屋建筑与装饰工程划分的土(石)方工程、地基处理与桩基工程、砌筑工程、钢筋工程及钢筋混凝土工程等。

分部分项工程费包括人工费、材料费、施工机具使用费、企业管理费、利润。

1. 人工费

人工费是指按工资总额构成规定,支付给从事建筑安装工程施工的生产工人和附属生产单位工人的各项费用。内容包括:

(1)计时工资或计件工资:是指按计时工资标准和工作时间或对已做工作按计件单价支付给个人的劳动报酬。

(2)奖金:是指对超额劳动和增收节支支付给个人的劳动报酬。如节约奖、劳动竞赛奖等。

(3)津贴补贴:是指为了补偿职工特殊或额外的劳动消耗和因其他特殊原因支付给个人的津贴,以及为了保证职工工资水平不受物价影响支付给个人的物价补贴。如流动施工津贴、特殊地区施工津贴、高温(寒)作业临时津贴、高空津贴等。

(4)加班加点工资:是指按规定支付的在法定节假日工作的加班工资和在法定工作时间外延时工作的加点工资。

(5)特殊情况下支付的工资:是指根据国家法律、法规和政策规定,因病、工伤、产假、计划生育假、婚丧假、事假、探亲假、定期休假、停工学习、执行国家或社会义务等原因按计时工资标准或计时工资标准的一定比例支付的工资。

2. 材料费

材料费是指施工过程中耗费的原材料、辅助材料、构配件、零件、半成品或成品、工程设备的费用,内容包括:

(1)材料原价:是指材料、工程设备的出厂价格或商家供应价格。

(2)运杂费:是指材料、工程设备自来源地运至工地仓库或指定堆放地点所发生的全部费用。

（3）运输损耗费：是指材料在运输装卸过程中不可避免的损耗。

（4）采购及保管费：是指为组织采购、供应和保管材料、工程设备的过程中所需要的各项费用。包括采购费、仓储费、工地保管费、仓储损耗。

材料运输损耗率、采购及保管费费率（除税价格）见表 1-1。

表 1-1　材料运输损耗率、采购及保管费费率

序号	材料类别	运输损耗率（%）		采购及保管费费率（%）	
		承包方提运	现场交货	承包方提运	现场交货
1	砖、瓦、砌块	1.74	—	2.41	1.69
2	石灰、砂、石子	2.26	—	3.01	2.11
3	水泥、陶粒、耐火土	1.16	—	1.81	1.27
4	饰面材料、玻璃	2.33	—	2.41	1.69
5	卫生洁具	1.17	—	1.21	0.84
6	灯具、开关、插座	1.17	—	1.21	0.84
7	电缆、配电箱（屏、柜）	—	—	0.84	0.6
8	金属材料、管材	—	—	0.96	0.66
9	其他材料	1.16	—	1.81	1.27

注：1. 业主供应材料（简称甲供材）时，甲供材应以除税价格计入相应的综合单价子目内。

2. 材料单价（除税）＝（除税原价＋材料运杂费）×（1＋运输损耗率＋采购及保管费费率）

或材料单价（除税）＝ 材料供应到现场的价格×（1＋采购及保管费费率）。

3. 业主指定材料供应商并由承包方采购时，双方应依据上一款的方法计算，该价格与综合单价材料取定价格的差异应计算材料差价。

4. 甲供材料到现场后，承包方现场保管费可按下列公式计算（该保管费可在税后返还甲供材料费内抵扣）：

现场保管费 = 供应到现场的材料价格×表中的"现场交货"费率。

（5）工程设备费：是指构成或计划构成永久工程一部分的机电设备、金属结构设备、仪器装置及其他类似的设备和装置的费用。

3. 施工机具使用费

施工机具使用费是指施工作业所发生的施工机械、仪器仪表使用费或其租赁费。

（1）施工机械使用费：以施工机械台班耗用量乘以施工机械台班单价表示，施工机械台班单价应由下列七项费用组成：

①折旧费：指施工机械在规定的使用年限内，陆续收回其原值的费用。

②大修费：指施工机械按规定的大修理间隔台班进行必要的大修理，以恢复其正常功能所需的费用。

③经常修理费：指施工机械除大修理以外的各级保养和临时故障排除所需的费用。包括为保障机械正常运转所需替换设备与随机配备工具附具的摊销和维护费用，机械运转中日常保养所需润滑与擦拭的材料费用及机械停滞期间的维护和保养费用等。

④安拆费及场外运费：安拆费指施工机械（大型机械除外）在现场进行安装与拆卸所需的人工、材料、机械和试运转费用，以及机械辅助设施的折旧、搭设、拆除等费用；场外运费指施工机械整体或分体自停放地点运至施工现场或由一施工地点运至另一施工地点的运输、

装卸、辅助材料及架线等费用。

⑤人工费:指机上司机(司炉)和其他操作人员的人工费。

⑥燃料动力费:指施工机械在运转作业中所消耗的各种燃料及水、电等。

⑦税费:指施工机械按照国家规定应缴纳的车船使用税、保险费及年检费等。

(2)仪器仪表使用费:是指工程施工所需使用的仪器仪表的摊销及维修费用。

4.企业管理费

企业管理费是指建筑安装企业组织施工生产和经营管理所需的费用。内容包括:

(1)管理人员工资:是指按规定支付给管理人员的计时工资、奖金、津贴补贴、加班加点工资及特殊情况下支付的工资等。

(2)办公费:是指企业管理办公用的文具、纸张、账表、印刷、邮电、书报、办公软件、现场监控、会议、水电、烧水和集体取暖降温(包括现场临时宿舍取暖降温)等费用。

(3)差旅交通费:是指职工因公出差、调动工作的差旅费、住勤补助费,市内交通费和误餐补助费,职工探亲路费,劳动力招募费,职工退休、退职一次性路费,工伤人员就医路费,工地转移费,以及管理部门使用的交通工具的油料、燃料等费用。

(4)固定资产使用费:是指管理和试验部门及附属生产单位使用的属于固定资产的房屋、设备、仪器等的折旧、大修、维修或租赁费。

(5)工具用具使用费:是指企业施工生产和管理使用的不属于固定资产的工具、器具、家具、交通工具和检验、试验、测绘、消防用具等的购置、维修和摊销费。

(6)劳动保险和职工福利费:是指由企业支付的职工退职金、按规定支付给离休干部的经费,集体福利费、夏季防暑降温、冬季取暖补贴、上下班交通补贴等。

(7)劳动保护费:是企业按规定发放的劳动保护用品的支出。如工作服、手套、防暑降温饮料,以及在有碍身体健康的环境中施工的保健费用等。

(8)检验试验费:是指施工企业按照有关标准规定,对建筑及材料、构件和建筑安装物进行一般鉴定、检查所发生的费用,包括自设实验室进行试验所耗用的材料等费用。不包括新结构、新材料的试验费,对构件做破坏性试验及其他特殊要求检验、试验的费用和建设单位委托检测机构进行检测的费用,对此类检测发生的费用,由建设单位在工程建设其他费用中列支。但对施工企业提供的具有合格证明的材料检测不合格的,该检测费用由施工企业支付。

(9)工会经费:是指企业按《中华人民共和国工会法》规定的全部职工工资总额比例计提的工会经费。

(10)职工教育经费:是指按职工工资总额的规定比例计提,企业为职工进行专业技术和职业技能培训,专业技术人员继续教育、职工职业技能鉴定、职业资格认定,以及根据需要对职工进行各类文化教育所发生的费用。

(11)财产保险费:是指施工管理用财产、车辆等的保险费用。

(12)财务费:是指企业为施工生产筹集资金或提供预付款担保、履约担保、职工工资支付担保等所发生的各种费用。

(13)税金:是指企业按规定缴纳的房产税、车船使用税、土地使用税、印花税等。

(14)工程项目附加税费:是指国家税法规定的应计入建筑安装工程造价内的城市维护建设税、教育费附加及地方教育附加。

（15）其他：包括技术转让费、技术开发费、投标费、业务招待费、绿化费、广告费、公证费、法律顾问费、审计费、咨询费、保险费等。

5. 利润

利润是指施工企业完成所承包工程获得的盈利。

2.2.2　措施项目费

措施项目费是指为完成建设工程施工，发生于该工程施工前和施工过程中的技术、生活、安全、环境保护等方面的费用。

2.2.2.1　安全文明施工费

安全文明施工费是指按照国家现行的建筑施工安全、施工现场环境与卫生标准和有关规定，购置和更新施工安全防护用具及设施、改善安全生产条件和作业环境及因施工现场扬尘污染防治标准提高所需要的费用。

（1）环境保护费：是指施工现场为达到环保部门要求所需要的各项费用。

（2）文明施工费：是指施工现场文明施工所需要的各项费用。

（3）安全施工费：是指施工现场安全施工所需要的各项费用。

（4）临时设施费：是指施工企业为进行建设工程施工所必须搭设的生活和生产用的临时建筑物、构筑物和其他临时设施费用。包括临时设施的搭设、维修、拆除、清理费或摊销费等。

（5）扬尘污染防治增加费：是根据河南省实际情况，施工现场扬尘污染防治标准提高所需增加的费用。

2.2.2.2　单价类措施费

单价类措施费是指计价定额中规定的，在施工过程中可以计量的措施项目。内容包括：

（1）脚手架费：是指施工需要的各种脚手架搭、拆、运输费用及脚手架购置费的摊销（或租赁）费用。

（2）垂直运输费。

（3）超高增加费。

（4）大型机械设备进出场及安拆费：是指计价定额中列项的大型机械设备进出场及安拆费。

（5）施工排水及井点降水费。

（6）其他费。

2.2.2.3　其他措施费（费率类）

其他措施费（见表1-2）是指计价定额中规定的，在施工过程中不可计量的措施项目。内容包括：

表1-2　其他措施费

序号	费用名称	所占比例（占定额其他措施费比例，%）
1	夜间施工增加费	25
2	二次搬运费	50
3	冬雨季施工增加费	25
4	其他	

（1）夜间施工增加费：是指因夜间施工所发生的夜班补助费、夜间施工降效、夜间施工照明设备摊销及照明用电等费用。

（2）二次搬运费：是指因施工场地条件限制而发生的材料、构配件、半成品等一次运输不能到达堆放地点，必须进行二次或多次搬运所发生的费用。

（3）冬雨季施工增加费：是指在冬季施工需增加的临时设施、防滑、除雪，人工及施工机械效率降低等费用。

（4）其他。

2.2.3 其他项目费

（1）暂列金额：是指建设单位在工程量清单中暂定并包括在工程合同价款中的一笔款项。用于施工合同签订时尚未确定或者不可预见的所需材料、工程设备、服务的采购，施工中可能发生的工程变更、合同约定调整因素出现时的工程价款调整，以及发生的索赔、现场签证确认等的费用。

（2）计日工：是指在施工过程中，施工企业完成建设单位提出的施工图纸以外的零星项目或工作所需的费用。

（3）总承包服务费：是指总承包人为配合、协调建设单位进行的专业工程发包，对建设单位自行采购的材料、工程设备等进行保管，以及施工现场管理、竣工资料汇总整理等服务所需的费用。

（4）其他项目。

2.2.4 规费

规费是指按国家法律、法规规定，由省级政府和省级有关权力部门规定必须缴纳或计取的费用。包括以下几项。

2.2.4.1 社会保险费

（1）养老保险费：是指企业按照规定标准为职工缴纳的基本养老保险费。

（2）失业保险费：是指企业按照规定标准为职工缴纳的失业保险费。

（3）医疗保险费：是指企业按照规定标准为职工缴纳的基本医疗保险费。

（4）生育保险费：是指企业按照规定标准为职工缴纳的生育保险费。

（5）工伤保险费：是指企业按照规定标准为职工缴纳的工伤保险费。

2.2.4.2 住房公积金

住房公积金是指企业按规定标准为职工缴纳的住房公积金。

2.2.4.3 工程排污费

工程排污费是指按规定缴纳的施工现场工程排污费。

2.2.4.4 其他

其他应列而未列入的规费，按实际发生计取。

2.2.5 增值税

增值税是指根据国家税务有关规定，计入建筑安装工程造价内的增值税。

一般计税方法工程造价计价程序见表1-3。

表1-3　一般计税方法工程造价计价程序

序号	费用名称	计算公式	备注
1	分部分项工程费	[1.2]+[1.3]+[1.4]+[1.5]+[1.6]+[1.7]	
1.1	其中:综合工日	定额基价分析	
1.2	定额人工费	定额基价分析	
1.3	定额材料费	定额基价分析	
1.4	定额机械费	定额基价分析	
1.5	定额管理费	定额基价分析	
1.6	定额利润	定额基价分析	
1.7	调差:	[1.7.1]+[1.7.2]+[1.7.3]+[1.7.4]	
1.7.1	人工费差价		
1.7.2	材料费差价		不含税价调差
1.7.3	机械费差价		
1.7.4	管理费差价		按规定调差
2	措施项目费	[2.2]+[2.3]+[2.4]	
2.1	其中:综合工日	定额基价分析	
2.2	安全文明施工费	定额基价分析	不可竞争费
2.3	单价类措施费	[2.3.1]+[2.3.2]+[2.3.3]+[2.3.4]+[2.3.5]+[2.3.6]	
2.3.1	定额人工费	定额基价分析	
2.3.2	定额材料费	定额基价分析	
2.3.3	定额机械费	定额基价分析	
2.3.4	定额管理费	定额基价分析	
2.3.5	定额利润	定额基价分析	
2.3.6	调差:	[2.3.6.1]+[2.3.6.2]+[2.3.6.3]+[2.3.6.4]	
2.3.6.1	人工费差价		
2.3.6.2	材料费差价		不含税价调差
2.3.6.3	机械费差价		
2.3.6.4	管理费差价		按规定调差
2.4	其他措施费（费率类）	[2.4.1]+[2.4.2]	

续表 1-3

序号	费用名称	计算公式	备注
2.4.1	其他措施费（费率类）	定额基价分析	
2.4.2	其他（费率类）		按约定
3	其他项目费	[3.1] + [3.2] + [3.3] + [3.4] + [3.5]	
3.1	暂列金额		按约定
3.2	专业工程暂估价		按约定
3.3	计日工		按约定
3.4	总承包服务费	业主分包专业工程造价 × 费率	按约定
3.5	其他		按约定
4	规费	[4.1] + [4.2] + [4.3]	不可竞争费
4.1	定额规费	定额基价分析	
4.2	工程排污费		据实计取
4.3	其他		
5	不含税工程造价	[1] + [2] + [3] + [4]	
6	增值税	[5] × 11%	一般计税方法
7	含税工程造价	[5] + [6]	

2.3 装配式建筑工程造价计价特点及影响因素

2.3.1 装配式工程造价计价特点

由工程项目的特点决定,装配式工程造价计价具有以下特征。

2.3.1.1 计价的单件性

装配式建设工程是按照特定使用者的专门用途、在指定地点逐个建造的。每项装配式建筑工程为适应不同使用要求,其面积和体积、造型和结构、装修与设备的标准及数量都会有所不同,而且特定地点的气候、地质、水文、地形等自然条件及当地政治、经济、风俗习惯等因素必然使建筑产品实物形态千差万别。再加上不同地区构成投资费用的各种生产要素(如人工、材料、机械)的价格差异,最终导致建设工程造价千差万别。所以,装配式建设工程和建筑产品不可能像工业产品那样统一成批定价,而只能根据它们各自所需的物化劳动和活劳动消耗量逐项计价,即单件计价。

2.3.1.2 计价的多次性

工程项目需要按一定的建设程序进行决策和实施,工程计价也需要在不同阶段多次进行,以保证工程造价计算的准确性和控制的有效性。多次计价是个逐步深化、逐步细化和逐步接近实际造价的过程。工程造价计价过程如图 1-2 所示。

投资估算:是指在项目建议书和可行性研究阶段通过编制估算文件预先测算和确定的

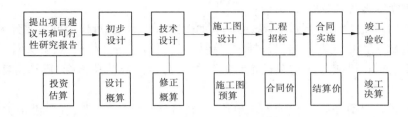

图 1-2　施工各个阶段与各个造价文件之间的关系

工程造价。投资估算是建设项目进行决策、筹集资金和合理控制造价的主要依据。

设计概算：是指在初步设计阶段，根据设计意图，通过编制工程概算文件预先测算和确定的工程造价。与投资估算造价相比，概算造价的准确性有所提高，但受估算造价的控制。概算造价一般又可分为建设项目概算总造价、各个单项工程概算综合造价、各单位工程概算造价。

修正概算：是指在技术设计阶段，根据技术设计的要求，通过编制修正概算文件，预先测算和确定的工程造价。修正概算是对初步设计阶段的概算造价的修正和调整，比概算造价准确，但受概算造价控制。

施工图预算：是指在施工图设计阶段，根据施工图纸，通过编制预算文件、预先测算和确定的工程造价。预算造价比概算造价或修正概算造价更为详尽和准确，但同样要受前一阶段工程造价的控制。目前，按现行工程量清单计价规范，有些工程项目需要确定招标控制价以限制最高投标报价。

合同价：是指在工程发包承包阶段通过签订总承包合同、建筑安装工程承包合同、设备材料采购合同，以及技术和咨询服务合同所确定的价格。合同价属于市场价格，它是由发包承包双方根据市场行情通过招标投标等方式达成一致、共同认可的成交价格。但要注意：合同价并不等于最终结算的实际工程造价。根据计价方法不同，建设工程合同有许多类型，不同类型合同的合同价内涵也会有所不同。

结算价：是指工程承包商在施工过程中，依据实际完成的工程量，按照合同规定的程序向业主实际收取的工程价款。工程结算可采用按月结算、分段结算、竣工后一次结算（竣工结算）和双方约定的其他结算方式。

竣工决算：是指工程竣工决算阶段，以实物数量和货币指标为计量单位，综合反映竣工项目从筹建开始到项目竣工交付使用为止的全部建设费用。工程决算文件一般由建设单位编制，上报相关主管部门审查。

2.3.1.3　计价的组合性

工程造价的计价是分步组合而成的，这一特征与建设项目的组合性有关。一个建设项目是一个工程综合体，它可以按单项工程、单位工程、分部工程、分项工程等不同层次分解为许多有内在联系的工程。建设项目的组合性决定了工程造价的逐步组合过程。工程造价的组合过程是：分部分项工程造价—单位工程造价—单项工程造价—建设项目总造价。

2.3.1.4　计价方法的多样性

工程项目的多次计价有其各不相同的计价依据，每次计价的精确度要求也不相同，由此决定了计价方法的多样性。

2.3.1.5 计价依据的复杂性

由于影响工程造价的因素较多,决定了计价依据的复杂性。计价依据主要分为以下七类:

(1)设备和工程量计算依据。包括项目建议书、可行性研究报告、设计文件等。

(2)人工、材料、机械等实物消耗量计算依据。包括投资估算指标、概算定额、预算等额等。

(3)工程单价计算依据。包括人工单价、材料价格、材料运杂费、进口设备关税等。

(4)设备单价计算依据。包括设备原价、设备运杂费、进口设备关税等。

(5)措施费、间接费和工程建设其他费用计算依据,主要是相关的费用定额和指标。

(6)政府规定的税、费。

(7)物价指数和工程造价指数。

2.3.2 影响装配式工程造价的因素

影响装配式工程造价的因素很多,主要有政策法规性因素、构件标准化与市场性因素、设计员深化设计因素、装配率及施工因素和编制人员素质因素等五个方面。

2.3.2.1 政策法规性因素

在整个基本建设过程中,国家和地方主管部门对于基本建设项目的审查、基本建设程序、投资费用的构成及计取都有严格而明确的规定,具有强制的政策性法规。因此,概预算的编制必须严格遵循国家及地方主管部门的有关政策、法规和制度,按规定的程序进行。

2.3.2.2 构件标准化与市场性因素

消耗量定额中各类预制构配件均按外购成品现场安装进行编制,构件信息价格对招标控制价、投标报价及竣工结算价等影响巨大,构件价格的合理确定与科学适用是装配式建筑造价管理的基础。目前,预制装配式建筑通常仅是企业将现浇转移到自己设立的构件工厂,构件工厂没有固定产品,按照项目要求被动生产,构件的标准化、市场化程度不够,构件产品是个性化的,使得我国装配式建筑标准化设计程度低,构件产品的非标准化、多元化必然引起构件信息价格的不完备性和差异性,最终影响装配式工程造价。

2.3.2.3 设计及深化设计因素

编制概预算的基本依据之一是设计图纸,因此影响建设项目投资的关键就在于设计。与传统建造方式不同,装配式混凝土建筑在预制构件生产之前进行的专项深化设计也是影响造价的一个重要因素。深化设计主要是指在原设计方案、条件图的基础上,依托 PC 构件生产实际对图纸进行相关拆分设计、补充,最终绘制成具有可实施性的施工图纸,深化设计是否合理,对装配式建筑工程造价的影响至关重要。

2.3.2.4 装配率及施工因素

不同装配率下的装配整体式建筑造价较传统现浇式建筑的增加情况有所不同,装配整体式建筑造价随装配率变化而变化。在编制概预算过程中,施工组织设计和施工技术措施同施工图纸一样,是编制工程概预算的重要依据之一。因此,在施工中合理布置施工现场,减少运输总量,采用先进的施工技术,合理运用新的施工工艺,采用新技术、新材料等,对节约投资有显著的作用。但就目前所采用的概预算方法而言,在节约投资方面施工因素没有设计因素影响凸出。

2.3.2.5 编制人员素质因素

工程概预算的编制是一项十分复杂而细致的工作,在工作中稍有疏忽就会错算、漏算或需要重算,因此要求编制人员具有强烈的责任感和认真细致的工作作风。要想编制一份准确的概预算,除了熟练掌握概预算定额、费用定额、计价规范等使用方法,还要熟悉有关概预算编制的政策、法规、制度和与定额、计价规范有关的动态信息。编制概预算涉及的知识面很宽,因此要求编制人员具有较全面的专业理论和业务知识,如工程识图、建筑构造、建筑结构、建筑施工、建筑设备知识及相应的实践经验,还要有建筑经济学、投资经济学等方面的理论知识,这样才能准确无误地编制概预算。

2.4　装配式建筑与传统施工建筑在造价管理上的异同

传统现浇建筑主要根据设计图的工程量,然后套用相关的预算单价,并按照政府的规定确定出取费标准,计算出整个建筑的造价。造价主要包括人工费、材料费(包含工程设备)、施工机具使用费、企业管理费、利润、规费和税金等方面,其中工程费(人工费、材料费、施工机具使用费)是工程造价中最主要的部分,在建筑统一的标准下,传统现浇建筑施工方法的成本主要取决于人工和物料的平均水平,这对于其成本的控制和调整非常有限,所以对施工企业来说,控制成本的主要措施就是降低工程造价,调整企业管理中的费用等,因为成本、质量和工期之间相互影响,如果只为了降低成本,则肯定会影响到工程的质量和工期。

装配式建筑由现场生产柱、墙、梁、楼板、楼梯、屋盖、阳台等转变成交易购买(或者自行工厂制作)成品混凝土构件,集成为单一构件产品的商品价格,原有的套取相应的定额子目来计算柱、墙、梁、楼板、楼梯、屋盖、阳台等造价的做法不再适用。现场建造变为构件工厂制作,原有的工、料、机消耗量对造价的影响程度降低,市场询价与竞价显得尤为重要。现场手工作业变为机械装配施工,随着建筑装配率的提高,装配式建筑愈发体现安装工程计价的特点,由生产计价方式向安装计价方式转变。工程造价管理由"消耗量定额与价格信息并重"向"价格信息为主、消耗量定额为辅"转变,造价管理的信息化水平需提高、市场化程度需增强。

现行计价依据中措施项目的计算均是按照全部现场浇筑编制的,比如垂直运输、超高增加费及安全文明施工费等,而装配式建筑由于大量使用预制构件部品,现场施工的措施项目内容及时间均在变化,比如装配式混凝土建筑施工过程中现场模板、脚手架安装和拆卸工作量大大减少,仍全部按建筑面积计算值得商榷。同时,装配式建筑施工技术属于新技术,计量规范中构件部品现场的堆放、工作面的支撑等措施项目费缺失,计价缺少依据,组价存在盲目性。另外,目前对装配式建筑的关注往往是在实体项目上,对施工措施项目无论是直接性措施结构还是间接性措施结构,采用预制装配技术时考虑较少,比如生产生活临时房屋、基坑工程中水平及竖向结构支撑、薄壁快装式承台基础、预制装配道路板、预制装配式模板箍、钢筋混凝土装配塔吊基础和预制装配式支撑架等,造成计价依据不足,易引起发包承包双方的争执与纠纷。

第 3 节　现有装配式造价相关文件

3.1　《国务院办公厅关于大力发展装配式建筑的指导意见》及相关文件

3.1.1　《国务院办公厅关于大力发展装配式建筑的指导意见》

2016 年 10 月,《国务院办公厅关于大力发展装配式建筑的指导意见》(国办发〔2016〕

71 号)中明确提出:发展装配式建筑是建造方式的重大变革,是推进供给侧结构性改革和新型城镇化发展的重要举措,并计划"力争用 10 年左右的时间,使装配式建筑占新建建筑面积的比例达到 30%"。加大政策支持力度,建立健全装配式建筑相关法律法规体系。结合节能减排、产业发展、科技创新、污染防治等方面的政策,加大对装配式建筑的支持力度。支持符合高新技术企业条件的装配式建筑部品部件生产企业享受相关优惠政策。符合新型墙体材料目录的部品部件生产企业,可按规定享受增值税即征即退优惠政策。在土地供应中,可将发展装配式建筑的相关要求纳入供地方案,并落实到土地使用合同中。鼓励各地结合实际出台支持装配式建筑发展的规划审批、土地供应、基础设施配套、财政金融等相关政策措施。政府投资工程要带头发展装配式建筑,推动装配式建筑"走出去"。在中国人居环境奖评选、国家生态园林城市评估、绿色建筑评价等工作中增加装配式建筑方面的指标要求。

3.1.2　各省市的相关文件

为深入贯彻落实《国务院办公厅关于大力发展装配式建筑的指导意见》,全面推进装配式建筑发展,各地相继颁发了推进装配式建筑快速发展的实施意见,截至 2017 年,中国 34 个省级行政区域中,推进装配式发展实施意见已经印发的有 4 个直辖市、20 个省、4 个自治区。除港澳台外,大陆仅贵州、黑龙江、西藏未正式发布,但已在调研准备发布阶段。其中,上海、北京、深圳要求新建建筑全部采用装配式建造;南京、沈阳、郑州、宁波、武汉、滁州、合肥要求在城市一定范围内、一定面积比例内建设装配式建筑。

各地在实施意见中,提出了推进装配式建筑快速发展的具体政策支持,例如在《广东省人民政府办公厅关于大力发展装配式建筑的实施意见》(粤府办〔2017〕28 号)中,明确提出的支持政策有:

各地在编制"三旧"改造、城市更新规划及年度实施计划时,实施装配式建造方式,且满足装配式建筑要求的建设项目,其满足装配式建筑要求部分的建筑面积可按一定比例(不超过 3%)不计入地块的容积率核算。

各地要根据土地利用总体规划、城市(镇)总体规划和装配式建筑发展目标任务,在每年的建设用地计划中,安排专项用地指标,重点保障部品部件生产企业、生产基地建设用地和装配式建筑项目建设用地。

各地政府要加大对发展装配式建筑工作的资金保障力度,支持符合条件的部品部件生产示范基地、装配式建筑示范项目发展。符合条件的装配式建筑部品部件生产企业,经认定为高新技术企业的,可按规定享受相关优惠政策。符合新型墙体材料目录的部品部件生产企业,可按规定享受增值税即征即退优惠政策。对已开展建筑施工扬尘排污费征收工作的城市,重新核定装配式建筑项目的施工扬尘排放系数,对该项费用予以减征。对满足装配式建筑要求的农村住房整村或连片改造建设项目,各地可给予适当的资金补助。

鼓励省内金融机构对部品部件生产企业、生产基地和装配式建筑开发项目给予综合金融支持,对购买已认定为装配式建筑项目的消费者优先给予信贷支持。使用住房公积金贷款购买已认定为装配式建筑项目的商品住房,公积金贷款额度最高可上浮 20%,具体比例由各地政府确定。

3.2　《装配式建筑工程消耗量定额》及相关文件

3.2.1　《装配式建筑工程消耗量定额》

　　国家大力提倡装配式建筑,各地也纷纷出台文件推动装配式建筑发展。为贯彻落实《国务院办公厅关于大力发展装配式建筑的指导意见》,满足装配式建筑工程计价的需要,住房和城乡建设部组织编写了《装配式建筑工程消耗量定额》(简称《定额》)(TY 01 - 01 (01)—2016)。《定额》自 2017 年 3 月 1 日起执行,其中包含装配式混凝土结构工程、装配式钢结构工程、建筑构件及部品工程、措施项目共四章内容,《定额》对 8 类 PC 率(装配率)不同的装配式混凝土住宅及装配式钢结构住宅工程的投资估算分别给出了参考指标,这为计算装配式建筑的成本提供了清晰、统一的标准和依据。

3.2.2　各省市相关的装配式消耗量定额文件

　　为了落实《国务院办公厅关于大力发展装配式建筑的指导意见》,为装配式混凝土建筑工程提供计价依据,江苏省颁发了《江苏省装配式混凝土建筑工程定额(试行)》,自 2017 年 4 月 1 日起执行。该定额适用于江苏省辖区范围内 2017 年 4 月 1 日起发布招标文件的招标投标工程和签订施工合同的非招标投标工程,并且为了鼓励和促进装配式建筑的推广应用,规范其招标投标活动,江苏省在 2016 年发布了《装配式混凝土房屋建筑项目招标投标活动的暂行意见》。

　　《深圳市装配式建筑工程消耗量定额(2016)》2017 年 2 月 1 日起实施,用于深圳市辖区范围内的装配式建筑工程。该定额作为合理确定和有效控制工程造价的基础,是国有资金投资的装配式建筑工程编制投资估算、设计概算、施工图预算和最高投标限价的依据。

　　此外,河南省 2016 年发布了《河南省预制装配式混凝土结构建筑工程补充定额(试行)》,《广东省装配式建筑工程综合定额(试行)》自 2017 年 8 月 1 日起试行,《海南省装配式建筑工程综合定额(试行)》2017 年通过评审,其他省市的装配式建筑工程定额也正在紧锣密鼓地制定中。

　　这一系列造价文件的出台,为装配式建筑在工程计价上提供了法律依据和翔实的数据支撑,意味着全国装配式建筑推广工作又迈上了一个新台阶。健全装配式建筑相配套的技术标准体系,将对装配式建筑工程的发展具有重要意义。

习　题

　　1. 装配率和装配化率有何区别?

　　2. 装配式建筑工程造价和传统建筑工程造价有何异同?

第2章　装配式建筑工程计价定额

第1节　概　述

装配式建筑工程计价的依据是指用于计算装配式建筑工程造价基础资料的总称,它反映了一定时期的社会生产水平,是建设管理科学化的产物,也是进行装配式建筑工程造价科学管理的基础。装配式建筑工程计价的依据主要包括装配式建筑工程定额、工程造价指数和工程造价资料等,其中装配式建筑工程定额是其工程计价的核心依据。

1.1　定额的概念

定额是人们根据各种不同的需要,对某一事物规定的数量标准,是一种规定的额度。工程定额是指工程建设中,国家按照有关建筑产品的设计和施工验收规范、质量和安全评定标准,颁发的用于规定完成某单位建筑合格产品所必需的人工、材料、机械等的消耗量标准。它反映在一定的社会生产力发展水平条件下,完成建设工程中的某项合格产品与各种生产消耗之间特定的数量关系。

工程定额的"单位"是指定额子目中所规定的定额计量单位,因定额性质的不同而不同。"产品"指的是"工程建设产品",也称为工程建设定额的标定对象。

工程定额反映了在一定的社会生产力条件下,完成某项合格产品与各种生产消耗之间特定的数量关系,也反映了其施工技术与管理水平。

工程定额不仅给出了建设工程投入与产出的数量关系,还给出了具体的工作内容、质量标准和安全要求。

1.2　定额的产生和发展

定额的产生和发展与管理科学的产生和发展有着密切的关系。19世纪末20世纪初,美国的资本主义正处于上升时期,科学技术虽然发展很快,但是在管理上仍然沿用传统的经验方法,工人的劳动生产效率低,生产能力得不到充分发挥。这不但阻碍了社会经济的进一步发展和繁荣,而且不利于资本家赚取更多的利润。1911年,泰勒发表了著名的《科学管理原理》一书,由此被后人尊称为"科学管理之父"。制定工时定额、采用标准化的操作方法、实行计件工资制,是泰勒制的主要内容。泰勒制的产生和推行,在提高劳动生产率方面取得了显著的效果,也给资本主义企业管理带来了根本性的变革和深远的影响。

继泰勒之后,一方面,管理科学从操作方法、作业水平的研究向科学组织的研究上扩展;另一方面,它也利用现代自然科学和技术科学的新成果——运筹学、系统工程、计算机等作为科学管理的手段。20世纪20年代出现了行为科学,行为科学弥补了泰勒等科学管理的某些不足。

综上所述,定额是管理科学的产物,伴随着管理科学的发展而发展。它的广泛应用,将会为现代经济管理做出更大的贡献。

1.3 工程定额的分类

工程定额按不同的分类方法,可分成不同的类型。

1.3.1 按定额反映的物质消耗性质分类

按定额反映的物质消耗性质不同,工程定额可分为劳动消耗定额、机械台班消耗定额及材料消耗定额三种形式。

(1)劳动消耗定额。也称"劳动定额",是指在正常的生产条件下,完成单位合格工程建设产品所需消耗的劳动力的数量标准。劳动定额有时间定额和产量定额两种形式。

(2)机械台班消耗定额。是指在正常的生产条件下,完成单位合格工程建设产品所需消耗的机械的数量标准。机械台班消耗定额同样有时间定额和产量定额两种形式。

(3)材料消耗定额。是指在正常的生产条件下,完成单位合格工程建设产品所需消耗的材料的数量标准。

劳动定额、机械台班消耗定额及材料消耗定额都是计量性定额,称为三大基本定额。

1.3.2 按定额编制程序和用途分类

按定额编制程序和用途不同,工程定额可分为施工定额、预算定额、概算定额(概算指标)和估算指标等四种。

(1)施工定额(企业定额)。是指在正常施工条件下,具有合理劳动组织的建筑安装工人,为完成单位合格工程建设产品所需人工、机械、材料消耗的数量标准,它是根据专业施工的作业对象和工艺,以同一施工过程为对象制定的,也是一种计量性的定额。施工定额是施工单位内部管理的定额,是生产、作业性质的定额,属于企业定额的性质。

(2)预算定额。是指在合理的劳动组织和正常的施工条件下,为完成单位合格工程建设产品所需人工、机械、材料消耗的数量标准。预算定额是由国家授权部门根据社会平均生产力发展水平和生产效率水平编制的一种社会标准,它属于社会性、计价性定额。如《河南省预制装配式混凝土结构建筑工程补充定额(试行)》(2016)。从编制程序看,施工定额是预算定额的编制基础,而预算定额则是概算定额(概算指标)的编制基础。

(3)概算定额(概算指标)。是指在一般社会平均生产力发展水平及一般社会平均生产效率条件下,为完成单位合格工程建设产品所需人工、机械、材料消耗的数量标准,它一般是以工程的扩大结构构件的制作过程甚至整个单位工程施工过程为对象制定的,其定额水平一般为社会平均水平。

(4)估算指标。是比概算定额更为综合、扩大的指标,是以整个房屋或构筑物为标定对象编制的计价性定额。它是在各类实际工程的概预算和决算资料的基础上通过技术分析和统计分析编制而成的。

1.3.3 按投资的费用性质分类

按投资的费用性质不同,工程定额可分为建筑工程定额、安装工程定额、工器具定额,以及工程建设其他费用定额等。

(1)建筑工程定额。是建筑工程的施工定额、预算定额、概算定额、概算指标的统称。

（2）安装工程定额。是安装工程的施工定额、预算定额、概算定额、概算指标的统称。

（3）工器具定额。是为新建或扩建项目投产运转首次配备的工器具的数量标准。

（4）工程建设其他费用定额。是独立于建筑安装工程、设备和工器具购置之外的其他费用开支的标准，它的发生和整个项目的建设密切相关，其他费用定额按各项独立费用分别制定。

1.3.4　按管理权限和适用范围分类

按管理权限和适用范围不同，工程定额可分为全国统一定额、行业统一定额、地区统一定额、企业定额（施工定额）等。

（1）全国统一定额。指由国家建设行政主管部门制定发布，在全国范围内执行的定额。例如全国统一的《房屋建筑与装饰工程消耗量定额》。

（2）行业统一定额。指由国务院行业行政主管部门制定发布的，一般只在本行业和相同专业性质的范围内使用的定额。

（3）地区统一定额。指由省、自治区、直辖市建设行政主管部门制定颁布的，只在规定的地区范围内使用的定额。如《河南省房屋建筑与装饰工程预算定额》（HA 01 – 31 – 2016）。

（4）企业定额（施工定额）。指由施工企业根据自身的具体情况制定的，只在企业内部范围内使用的定额。企业定额是企业从事生产经营活动的重要依据，也是企业不断提高生产管理水平和市场竞争能力的重要标志。

1.3.5　按专业及构造特点分类

按专业及构造特点不同，工程定额可分为建筑工程定额、安装工程定额、公路工程定额、铁路工程定额、水利工程定额、市政工程定额、园林绿化工程定额，以及装配式建筑工程定额等多种类别。

1.4　工程定额的特点

1.4.1　科学性

工程定额的科学性包括两重含义：一是指工程定额和生产力发展水平相适应，反映出工程建设中生产消费的客观规律；二是指工程建设定额管理在理论、方法和手段上适应现代科学技术和信息社会发展的需要。

1.4.2　系统性

工程定额是相对独立的系统，它是由多种定额结合而成的有机整体。它结构复杂、层次鲜明、目标明确。

1.4.3　统一性

工程定额的统一性是由国家对经济发展的有计划的宏观调控职能决定的。为了使国民经济按照既定的目标发展，就需要借助于某些标准、定额、参数等，对工程建设进行规划、组织、调节、控制。而这些标准、定额、参数必须在一定的范围内是一种统一的尺度，才能实现上述职能。

1.4.4　权威性

工程定额的权威性在一些情况下具有经济法规性质。权威性反映统一的意志和统一的要求，也反映信誉和信赖程度及定额的严肃性。

1.4.5　稳定性与时效性

工程定额是一定时期技术发展和管理水平的反映，因而在一段时间内（一般是 5 ~ 10

年)都表现出稳定的状态,这就是工程定额的稳定性。如《河南省建设工程工程量清单综合单价》(2008)、《河南省房屋建筑与装饰工程预算定额》(HA 01 - 31 - 2016)。

第2节 施工定额和预算定额

2.1 施工定额(企业定额)

2.1.1 施工定额的构成和作用

2.1.1.1 施工定额的构成

施工定额是建筑安装企业内部管理的定额,属于企业定额。施工定额由劳动消耗定额、材料消耗定额和机械消耗定额三个相对独立的部分构成。

2.1.1.2 施工定额的作用

施工定额主要用于企业计划管理,组织和指挥施工生产,计算工人劳动报酬,激励工人在工作中的积极性和创造性,推广先进技术,编制施工预算、加强企业成本管理。由于施工定额和生产结合最紧密,直接反映生产技术水平和管理水平,所以它在工程建设定额体系中具有基础作用。施工定额的水平是确定预算定额、概算定额和概算指标的基础。

2.1.2 施工定额的编制原则

2.1.2.1 平均先进原则

平均先进是就定额的水平而言。定额水平是指规定消耗在单位产品上的劳动、材料和机械数量的多少。编制施工定额首先要考虑定额水平,既不能反映少数先进水平,更不能以后进水平为依据,而只能采用平均先进水平。所谓平均先进水平,就是在正常的施工条件下,大多数施工队组和大多数生产者经过努力能够达到和超过的水平。实践证明,定额水平过低,不能促进生产的发展;定额水平过高,会挫伤工人生产的积极性。以平均先进水平为基准制定企业定额,保持了定额的先进性和可行性。

2.1.2.2 简明适用原则

简明适用是就企业定额的内容和形式而言的,要方便定额的贯彻和执行。定额简明适用性的核心问题是定额项目设置应齐全,划分粗细要恰当,步距大小要适当。要将施工中常用的主要项目编入定额,尽可能把普遍使用的新材料、新技术、新工艺编入定额,对于缺漏项目,注意积累资料,尽快编制补充定额。项目粗细划分对计算结果的精度有影响。项目划分过细,计算复杂,使用不便;过粗,计算精度不能满足要求。步距大,项目少,精度低,苦乐不均,影响按劳分配;步距小,项目多,精度高,但计算复杂,使用不便。

2.1.2.3 以专家为主编制定额的原则

编制施工定额,要以专家为主,这是实践经验的总结。企业定额的编制要求有一支经验丰富、技术与管理知识全面、有一定政策水平的稳定的专家队伍,同时也要注意走群众路线,尤其是在现场测时和组织新定额试点时,这一点非常重要,处理不好,不仅会增加许多矛盾和误解,而且会影响测定时资料的准确性和反映意见的客观性。

2.1.2.4 时效原则

企业定额是一定时期内技术发展和管理水平的反映,所以在一段时期内表现出稳定的状态。这种稳定性又是相对的,它还有显著的时效性。当企业定额不再适应市场竞争成本监控的需要时,它就要重新编制和修订;否则,就会挫伤群众的积极性,甚至产生负面效应。

2.1.2.5 独立自主编制定额的原则

企业定额应是对国家、部门和地区性施工定额的继承和发展。企业独立自主地制定定额,主要是自主地确定定额水平、划分定额项目、根据需要增加新的定额项目。

2.1.2.6 保密原则

为了适应建筑市场激烈竞争的要求,企业定额的指标体系及标准要严格保密。本企业现行的定额水平若被竞争对手获取,将会给企业带来巨大损失。

2.1.3 施工定额人工消耗量的确定

定额人工消耗量是指在定额中考虑的用人工完成工作必需消耗的工作时间。它包括五个方面的时间:基本工作时间、辅助工作时间、准备与结束工作时间、不可避免的中断时间和休息时间。

2.1.3.1 基本工作时间

基本工作时间在必需消耗的工作时间中占的比重最大,一般应根据计时观察资料来确定。基本工作时间的计算分以下两种情况:

(1)当工序的产品计量单位和工作过程的产品计量单位相同时,工作过程的工时消耗为工序单位产品的时间消耗之和。

(2)当工序的产品计量单位和工作过程的产品计量单位不符时,需先求出不同计量单位的换算系数,进行产品计量单位的换算,然后相加求得工作过程的工时消耗。

2.1.3.2 辅助工作时间

当辅助工作时间占工作延续时间的比重较大时,应根据计时观察资料来确定。其方法与基本工作时间相同。

2.1.3.3 准备与结束工作时间

准备与结束工作时间一般按工作延续时间的百分数计算。若没有足够的计时观察资料,则用工时规范或经验数据来确定。

2.1.3.4 不可避免的中断时间

由工艺特点所引起的不可避免中断才可列入工作过程的时间定额。不可避免中断时间一般以占工作延续时间的百分数计算。

2.1.3.5 休息时间

休息时间一般按工作延续时间的百分数计算,其数值大小与劳动强度有关。可以利用不可避免中断时间作为休息时间。

基本工作时间、辅助工作时间、准备与结束工作时间、不可避免的中断时间和休息时间之和,就是劳动定额的时间定额。由于时间定额和产量定额互为倒数,所以根据时间定额可计算出产量定额。

2.1.4 施工定额材料消耗量的确定

2.1.4.1 材料消耗定额的概念

材料消耗定额是指在合理和节约使用材料的条件下,生产单位合格产品所需消耗的一定品种、规格的原材料、半成品、配件和水电、动力资源的数量标准。它包括直接用于建筑和安装工程的材料、不可避免的施工废料、不可避免的材料损耗。

2.1.4.2　材料消耗量确定的基本方法

在建筑工程施工中,节约使用材料、降低单位合格产品的材料消耗数量标准、控制材料库存、加速材料周转,对于保证工程质量、降低工程成本、提高企业经济效益具有十分重要的意义。

施工中的材料消耗可分为必须消耗的材料与损失的材料两类。必须消耗的材料包括直接用于建筑和安装工程的材料、不可避免的施工废料、不可避免的材料损耗。其中,直接用于建筑和安装工程的材料编制材料净用量定额,不可避免的施工废料和材料损耗编制材料损耗定额。材料净用量定额和材料损耗定额的确定方法有技术测定法、试验法、统计法和理论计算法等。

(1)技术测定法。主要用于编制材料损耗定额。定额的技术测定主要用计时观察法,测定产品产量和材料消耗的情况,为编制材料损耗定额提供技术数据。

(2)试验法。主要用于编制材料净用量定额。通过科学分析试验,对材料的结构、化学成分和物理性能进行精确测定。为编制材料消耗定额提供出比较精确的计算数据。试验法包括实验室试验法和现场试验法两种。

(3)统计法。是指通过对现场用料的大量统计资料进行分析计算,取得单位产品的材料消耗数据,用来确定材料消耗定额。

(4)理论计算法。是指根据建筑构造图纸、建筑材料特性、施工方法和技术要求,运用数学公式计算确定材料消耗定额的方法。适用于砖、料石、钢材、玻璃、卷材、预制构配件等板状、块状的材料。

标准砖墙材料用量计算

每立方米砖墙的用砖数和砌筑砂浆的用量可用下列理论计算公式计算各自的净用量。

用砖数:

$$A = \frac{1}{墙厚 \times (砖长 + 灰缝) \times (砖厚 + 灰缝)} \times k \tag{2-1}$$

式中　k——墙厚的砖数 $\times 2$。

砂浆用量:

$$B = 1 - 砖数 \times 每块砖体积 \tag{2-2}$$

材料的损耗一般以损耗率表示。材料损耗率可以通过观察法或统计法确定。材料损耗率及材料损耗量的计算通常采用以下公式:

$$损耗率 = \frac{损耗量}{净用量} \times 100\% \tag{2-3}$$

$$消耗量 = 净用量 + 损耗量 = 净用量 \times (1 + 损耗率) \tag{2-4}$$

2.1.5　施工定额机械台班消耗量的确定

2.1.5.1　定额的时间构成

机械施工过程的定额时间,可分为净工作时间和其他工作时间。

(1)净工作时间。指工人利用机械对劳动对象进行加工,用于完成基本操作所消耗的时间,包括机械的有效工作时间、机械在工作中循环的不可避免的无负荷运转时间、与操作有关的循环的不可避免的中断时间。

(2)其他工作时间。其他工作时间是指除净工作时间外的定额时间,包括:机械定时的无负荷时间和定时的不可避免的中断时间;操纵机械或配合机械工作的工人,在进行工作班内或任务内的准备与结束工作时所造成的机械不可避免的中断时间;操纵机械或配合机械工作的工人休息所造成的机械不可避免的中断时间。

2.1.5.2　机械时间利用系数

确定工作内定额时间的构成,主要是确定净工作时间的具体数值或者与工作台班延续时间的比值。机械时间利用系数是指机械净工作时间(t)与工作延续时间(T)的比值(K_B),即

$$K_B = \frac{t}{T} \tag{2-5}$$

2.1.5.3　确定机械 1 h 净工作正常生产率

建筑机械可分为循环动作和连续动作两种类型,在确定机械 1 h 净工作正常生产率时,要分别对两类不同机械进行研究。

1. 循环动作机械

循环动作机械 1 h 净工作正常生产率(N_h),就是在正常施工组织条件下,具有必需的知识和技能的技术工人操纵机械 1 h 的生产率,即

$$N_h = n \times m \tag{2-6}$$

式中　n——机械净工作 1 h 的正常循环次数;

　　　m——每一次循环中所生产的产品数量。

$$n = \frac{60 \times 60}{t_1 + t_2 + \cdots + t_n} \tag{2-7}$$

或

$$n = \frac{60 \times 60}{t_1 + t_2 + \cdots + t_c - (t_{c1} + t_{c2} + \cdots + t_{cn})} \tag{2-8}$$

式中　$t_1, t_2, \cdots, t_n$——机械每一循环内各组成部分延续时间;

　　　$t_{c1}, t_{c2}, \cdots, t_{cn}$——组成部分的重叠工作时间。

计算循环动作机械净工作 1 h 正常生产率的步骤是:

(1)根据计时观察资料和机械说明书确定各循环组成部分的延续时间。

(2)将各循环组成部分的延续时间相加,减去各组成部分之间的重叠时间,求出循环过程的正常延续时间。

(3)计算机械净工作 1 h 的正常循环次数。

(4)计算循环机械净工作 1 h 的正常生产率。

2. 连续动作机械

连续动作机械净工作 1 h 正常生产率,主要根据机械性能来确定。机械净工作 1 h 正常生产率(N_h)是通过试验或观察取得机械在一定工作时间(t)内的产品数量(m)而确定的。即

$$N_h = \frac{m}{t} \tag{2-9}$$

对于不易用计时观察法精确确定机械产品数量、施工对象加工程度的施工机械,连续动作机械净工作 1 h 正常生产率应与机械说明书等有关资料的数据进行比较,最后分析取定。

2.1.5.4　施工机械台班定额

机械台班产量($N_{台班}$),等于该机械净工作 1 h 的生产率(N_h)乘以工作班的延续时间 T(一般为 8 h),再乘以机械时间利用系数(K_B),即

$$N_{台班} = N_h \times T \times K_B \tag{2-10}$$

对于一次循环时间大于 1 h 的机械施工过程,就不必先计算净工作 1 h 的生产率,可以直接用一次循环时间 t(单位:h),求出台班循环次数(T/t),再根据每次循环的产品数量(m)确定其台班产量,即

$$N_{台班} = \frac{T}{t} \times m \times K_B \tag{2-11}$$

2.2　预算定额

2.2.1　预算定额的概念和作用

2.2.1.1　预算定额的概念

预算定额是指在正常的施工条件下,为完成单位合格工程建设产品(结构件、分项工程)的施工任务所需人工、机械、材料消耗的数量标准,它是根据组织施工和核算工程造价的要求而制定的。这里的"单位合格工程建设产品"指的是分项工程和结构件,是确定人工、机械、材料消耗的数量标准的对象,是预算定额子目划分的最小单位。

预算定额按照专业性质划分为建筑工程预算定额和安装工程预算定额两大类。建筑工程预算定额按照适用对象划分为建筑工程预算定额(土建工程)、市政工程预算定额、房屋修缮工程预算定额、园林与绿化工程预算定额、公路工程预算定额与铁路工程预算定额等;安装工程预算定额按照适用对象划分为机械设备安装工程预算定额、电气设备安装工程预算定额、送电线路安装工程预算定额、通信设备安装工程预算定额、工艺管道安装工程预算定额、长距离输送管道安装工程预算定额、给排水采暖煤气安装工程预算定额、通风空调安装工程预算定额、自动化控制装置及仪表安装工程预算定额、工艺金属结构安装工程预算定额、窑炉砌筑工程预算定额、刷油绝热防腐蚀工程预算定额、热力设备安装工程预算定额、化学工业设备安装工程预算定额等。

在我国,建筑工程预算定额是行业定额,反映全行业为完成单位合格工程建设产品的施工任务所需人工、机械、材料消耗的标准。它有两种表现形式:一种是计"量"性的定额,由国务院行业主管部门制定发布,如全国统一建筑工程基础定额;另一种是计"价"性定额,由各地建设行政主管部门根据全国建筑工程基础定额结合本地区的实际情况加以确定,如《河南省房屋建筑与装饰工程预算定额》(HA 01 – 31 – 2016)。

2.2.1.2　预算定额的作用

(1)预算定额是编制施工图预算、确定建筑安装工程造价的基础。施工图设计一经确定,工程预算造价就取决于预算定额水平和人工、材料及机械台班的价格。预算定额起着控制劳动消耗、材料消耗和机械台班使用的作用,进而起着控制建筑产品价格的作用。

(2)预算定额是编制施工组织设计的依据。施工组织设计的重要任务之一,是确定施工中所需人力、物力的供求量,并做出最佳安排。施工单位在缺乏本企业的施工定额的情况下,根据预算定额,亦能够比较精确地计算出施工中各项资源的需要量,为有计划地组织材料采购和预制件加工、劳动力和施工机械的调配,提供了可靠的计算依据。

(3)预算定额是工程结算的依据。工程结算是建设单位和施工单位按照工程进度对已完成的分部分项工程实现货币支付的行为。按进度支付工程款,需要根据预算定额将已完分项工程的造价算出。单位工程验收后,再按竣工工程量、预算定额和施工合同规定进行结

算,以保证建设单位建设资金的合理使用和施工单位的经济收入。

(4)预算定额是施工单位进行经济活动分析的依据。预算定额规定的物化劳动和劳动消耗指标,是施工单位在生产经营中允许消耗的最高标准。目前,预算定额决定着施工单位的收入,施工单位就必须以预算定额作为评价企业工作的重要标准,作为努力实现的目标。施工单位可根据预算定额对施工中的劳动、材料、机械的消耗情况进行具体的分析,以便找出并克服低功效、高消耗的薄弱环节,提高竞争能力。只有在施工中尽量降低劳动消耗,采用新技术,提高劳动者素质,提高劳动生产率,才能取得较好的经济效果。

(5)预算定额是编制概算定额的基础。概算定额是在预算定额基础上综合扩大编制的。利用预算定额作为编制依据,不但可以节省编制工作的大量人力、物力和时间,收到事半功倍的效果,还可以使概算定额在水平上与预算定额保持一致,以免造成执行中的不一致。

(6)预算定额是合理编制招标标底、投标报价的基础。在深化改革中,预算定额的指令性作用将日益削弱,而施工单位按照工程个别成本报价的指导性作用仍然存在,因此预算定额作为编制标底的依据和施工企业报价的基础性作用仍将存在,这也是由预算定额本身的科学性和权威性决定的。

2.2.2 预算定额的编制

2.2.2.1 预算定额的编制原则

为了保证预算定额的编制质量,充分发挥预算定额的作用并做到使用简便,在编制定额的工作中应遵循以下原则:

(1)平均合理的原则。预算定额的水平以施工定额水平为基础。但是,预算定额绝不是简单地套用施工定额的水平。首先,在施工定额的工作内容综合扩大了的预算定额中,包含了更多的可变因素,需要保留合理的幅度差,例如人工幅度差、机械幅度差、材料的超运距、辅助用工及材料堆放、运输、操作损耗和由细到粗综合后的量差等。其次,预算定额水平是平均水平,而施工定额是平均先进水平,两者相比,预算定额水平要相对低一些,但应限制在一定范围内。

(2)简明适用的原则。简明适用是指在编制预算定额时,对于那些主要的、常用的、价值量大的项目,其分项工程划分宜细;而对于那些次要的、不常用的、价值量相对较小的项目则可以粗一些。

预算定额要项目齐全。如果项目不全,缺项多,就会使计价工作缺少充足的依据。补充定额一般因受资料所限,费时费力,可靠性较差,容易引起争执。对定额的活口也要设置适当。简明适用,还要求合理确定预算定额的计量单位,简化工程量的计算,尽可能避免同一种材料用不同的计量单位和一量多用。尽量减少定额附注和换算系数。

2.2.2.2 预算定额的编制依据

(1)国家有关的法律、法规,政府的价格政策等。如住房和城乡建设部《装配式建筑工程消耗量定额》(TY 01 - 01(01) - 2016)。

(2)工人的技术等级标准、工资标准、工资奖励制度、劳动保护制度、八小时工作制。

(3)各种规范、建筑安装工程施工及验收规范、安全技术操作规程和质量评定标准等。

(4)具有代表性的典型工程施工图纸、技术测定资料、定额统计资料等。

2.2.2.3 预算定额编制的程序

预算定额的编制,大致可以分为准备工作、资料收集、定额编制、定额报批及修改定稿、整理资料五个阶段。各阶段工作相互有交叉,有些工作还有多次反复。

1. 准备工作阶段

(1)拟订编制方案。

(2)抽调人员根据专业需要划分编制小组和综合组。

2. 资料收集阶段

(1)普遍收集资料。在已确定的范围内,采用表格化收集定额编制基础资料,以统计资料为主,注明所需要的资料内容、填表要求和时间范围,便于资料整理,并具有广泛性。

(2)专题座谈会。邀请建设单位、设计单位、施工单位及其他有关单位的有经验的专业人士参加座谈会,就以往定额存在的问题提出意见和建议,以便在编制新定额时改进。

(3)收集现行规定、规范和政策法规资料。

(4)收集定额管理部门积累的资料。主要包括日常定额解释资料,补充定额资料,新结构、新工艺、新材料、新机械、新技术用于工程实践的资料。

(5)专项查定及试验。主要指混凝土配合比和砌筑砂浆试验资料。除收集试验试配资料外,还应收集一定数量的现场实际配合比资料。

3. 定额编制阶段

(1)确定编制细则。主要包括:统一编制表格及编制方法;统一计算口径、计量单位和小数点位数的要求;相关统一性规定,如统一名称、统一用字、统一专业用语、统一符号代码;简化字要规范,文字要简练明确。

(2)确定定额的项目划分和工程量计算规则。

(3)定额人工、材料、机械台班耗用量的计算、复核和测算。

4. 定额报批阶段

(1)审核定稿。

(2)预算定额水平测算。新定额编制成稿,必须与原定额进行对比测算,分析水平升降原因。一般新编定额的水平应该不低于历史上已经达到过的水平,并略有提高。在定额水平测算前,必须编出同一工人工资、材料价格、机械台班费的新旧两套定额的工程单价。定额水平的测算方法一般有以下两种:①按工程类别比重测算。在定额执行范围内,选择有代表性的各类工程,分别以新旧定额对比测算并按测算的年限,以工程所占比例加权以考查宏观影响。②单项工程比较测算法。以典型工程分别用新旧定额对比测算,以考查定额水平升降及其原因。

5. 修改定稿、整理资料阶段

(1)印发征求意见。定额编制初稿完成后,需要征求各有关方面意见和组织讨论,反馈意见。在统一意见的基础上整理分类,制订修改方案。

(2)修改整理报批。按照修改方案,将初稿按照定额的顺序进行修改,并经审核无误后形成报批稿,经批准后交付印刷。

(3)撰写编制说明。为顺利地贯彻执行定额,需要撰写新定额编制说明。其内容包括:项目、子目数量;人工、材料、机械的内容范围;资料的依据和综合取定情况;定额中允许换算和不允许换算规定的计算资料;工人、材料、机械单价的计算和资料;施工方法、工艺的选择及材料运距的考虑;各种材料损耗率的取定资料;调整系数的使用;其他应该说明的事项与计算数据、资料。

（4）立档、成卷。定额编制资料是贯彻执行定额中需查对资料的唯一依据，也为修编定额提供历史资料数据，应作为技术档案永久保存。

2.2.3 预算定额人、材、机消耗量的确定

2.2.3.1 预算定额人工消耗量的确定方法

预算定额中的人工消耗量是指在正常条件下，为完成单位合格产品的施工任务所必需的生产工人的人工消耗。预算定额人工消耗量的确定可以有以下两种方法。

1. 以施工定额为基础确定

这是在施工定额的基础上，将预算定额标定对象所包含的若干个工作过程所对应的施工定额按施工作业的逻辑关系进行综合，从而得到预算定额的人工消耗量标准。预算定额中的人工消耗量应该包括为完成分项工程所综合的各个工作过程的施工任务而在施工现场开展的各种性质的工作所对应的人工消耗，包括基本用工、辅助用工、超运距用工及人工幅度差。

1）基本用工

基本用工指完成单位合格分项工程所包括的各项工作过程的施工任务必须消耗的技术工种的用工。包括：

（1）完成定额计量单位的主要用工。由于该工时消耗所对应的工作均发生在分项工程的工序作业过程中，各工作过程的生产率受施工组织的影响大，其工时消耗的大小应根据具体的施工组织方案进行综合计算。

例如工程实际中的砖基础，有一砖厚、一砖半厚、二砖厚等之分，不同厚度的砖基础有不同的人工消耗，在编制预算定额时如果不区分厚度统一按立方米砌体计算，则需要按统计的比例，加权平均得出综合的人工消耗。

（2）按施工定额规定应增（减）计算的人工消耗量。例如在砖墙项目中，分项工程的工作内容包括了附墙烟囱孔、垃圾道、壁橱等零星组合部分的内容，其人工消耗量相应增加附加人工消耗。由于预算定额是在施工定额子目的基础上综合扩大的，包括的工作内容较多，施工的工效视具体部位而不一样，所以需要另外增加人工消耗，而这种人工消耗也可列入基本用工内。

2）超运距用工

超运距是指施工定额中已包括的材料、半成品场内水平搬运距离与预算定额所考虑的现场材料、半成品堆放地点到操作地点的水平运输距离之差。而发生在超运距上运输材料、半成品的人工消耗即为超运距用工，计算公式如下：

$$超运距 = 预算定额取定的运距 - 施工定额已包括的运距 \qquad (2-12)$$

3）辅助用工

辅助用工指技术工种施工定额内不包括而在预算定额内又必须考虑的人工消耗。例如机械土方工程配合用工、材料加工（筛砂、洗石、淋化灰膏）所需人工消耗等。计算公式如下：

$$辅助用工 = \sum(材料加工数量 \times 相应加工材料的施工定额) \qquad (2-13)$$

4）人工幅度差

人工幅度差即预算定额与施工定额的差额，主要是指在施工定额中未包括而在正常施工条件下不可避免但又很难准确计量的各种零星的人工消耗和各种工时损失。内容包括：

（1）各工种间的工序搭接及交叉作业互相配合或影响所发生的停歇用工。

（2）施工机械在单位工程之间转移及临时水电线路移动所造成的停工。

（3）质量检查和隐蔽工程验收工作的影响。

（4）班组操作地点转移用工。

（5）工序交接时对前一工序不可避免的修整用工。

（6）施工中不可避免的其他零星用工。

人工幅度差计算公式如下：

$$人工幅度差 = （基本用工 + 辅助用工 + 超运距用工）× 人工幅度差系数 \qquad (2\text{-}14)$$

人工幅度差系数一般为 10% ~ 15%。在预算定额中，人工幅度差的用量一般列入其他用工量中。

当分别确定了为完成分项工程的施工任务所必需的基本用工、辅助用工、超运距用工及人工幅度差后，把这四项用工量简单相加即为该分项工程总的人工消耗量。

2. 以现场观察测定资料为基础计算

当遇到施工定额缺项时，应首先采用这种方法。即运用时间研究的技术，通过对施工作业过程进行观察测定取得数据，并在此基础上编制施工定额，从而确定相应的人工消耗量标准。在此基础上，再用第一种方法来确定预算定额的人工消耗量标准。

2.2.3.2　机械台班消耗量的确定方法

预算定额中的机械台班消耗量是指在正常施工生产条件下，为完成单位合格产品的施工任务所必需消耗的某类某种型号施工机械的台班数量。它应该包括为完成该分部分项工程或结构件所综合的各个工作过程的施工任务而在施工现场开展的各种性质的机械操作所对应的机械台班消耗。一般来说，它由分部分项工程或结构件所综合的有关工作过程所对应的施工定额所确定的机械台班消耗量以及施工定额与预算定额的机械台班幅度差组成。

1. 工序机械台班消耗量的确定

工序机械台班是指发生在分部分项工程或结构件施工过程中各工序作业过程上的机械消耗，由于各工序作业过程的生产效率受该分部分项工程或结构件的施工组织方案（例如施工技术方案、资源配置方案及分部分项工程的施工流程等）的影响较大，施工机械固有的生产能力不易充分发挥，所以考虑到施工机械在调度上的不灵活性，预算定额中综合工序机械台班消耗量的大小应根据具体的施工组织方案进行综合计算。

2. 机械台班幅度差的确定

机械台班幅度差是指在施工定额中所规定的范围内没有包括，而在实际施工中又不可避免产生的影响机械或使机械停歇的时间。一般包括如下内容：

（1）施工机械转移工作面及配套机械相互影响损失的时间；

（2）在正常施工条件下，机械在施工中不可避免的工序间歇；

（3）工程开工或收尾时工作量不饱满所损失的时间；

（4）检查工程质量影响机械操作的时间；

（5）临时停机、停电影响机械操作的时间；

（6）机械维修引起的停歇时间。

大型机械幅度差系数一般为：土方机械 25%，打桩机械 33%，吊装机械 30%。其他分部工程中如钢筋加工、木材、水磨石等各项专用机械的幅度差为 10%。

综上所述，预算定额的机械台班消耗量按下式计算：

$$预算定额机械耗用台班 = 综合工序机械台班 × （1 + 机械幅度差系数） \qquad (2\text{-}15)$$

2.2.3.3　材料消耗量的确定

预算定额中的材料消耗量是指在正常施工生产条件下,为完成单位合格产品的施工任务所必需消耗的材料、成品、半成品、构配件及周转性材料的数量标准。从消耗内容看,包括为完成该分项工程或结构构件的施工任务必需的各种实体性材料(如标准砖、混凝土、钢筋等)的消耗和各种措施性材料(如模板、脚手架等)的消耗;从引起消耗的因素看,包括直接构成工程实体的材料净耗量、发生在施工现场该施工过程中材料的合理损耗量及周转性材料的摊销量。

预算定额中材料消耗量的确定方法与施工定额中材料消耗量的确定方法一样。但有一点必须注意,即预算定额中材料的损耗率与施工定额中材料的损耗率不同,预算定额中材料损耗率的损耗范围比施工定额中材料损耗率的损耗范围更广,它必须考虑整个施工现场范围内材料堆放、运输、制备、制作及施工操作过程中的损耗。

2.2.4　预算定额单价的确定

2.2.4.1　预算定额单价

在我国,预算定额一直沿用由政府颁发的计价定额的形式,预算定额单价是完成某一分部分项工程所消耗的各种资源的价格标准。其确定方法是,按照预算定额中分项工程的人工、材料、机械台班定额消耗量乘以施工资源的价格(人工工日预算价格、材料预算价格和机械台班预算价格)进行计算。

施工资源的价格是指为了获取并使用该施工资源所必需发生的单位费用,而单位费用的大小取决于获取该资源时的市场条件、取得该资源的方式、使用该资源的方式及一些政策性的因素。

2.2.4.2　人工费价格的确定

人工费是指按工资总额构成规定,支付给从事建筑安装工程施工的生产工人和附属生产单位工人的各项费用。内容包括:

(1)计时工资或计件工资。是指按计时工资标准和工作时间或对已做工作按计件单价支付给个人的劳动报酬。

(2)奖金。是指对超额劳动和增收节支支付给个人的劳动报酬。如节约奖、劳动竞赛奖等。

(3)津贴补贴。是指为了补偿职工特殊或额外的劳动消耗和因其他特殊原因支付给个人的津贴,以及为了保证职工工资水平不受物价影响支付给个人的物价补贴。如流动施工津贴、特殊地区施工津贴、高温(寒)作业临时津贴、高空津贴等。

(4)加班加点工资。是指按规定支付的在法定节假日工作的加班工资和在法定工作时间外延时工作的加点工资。

(5)特殊情况下支付的工资。是指根据国家法律、法规和政策规定,因病、工伤、产假、计划生育假、婚丧假、事假、探亲假、定期休假、停工学习、执行国家或社会义务等原因按计时工资标准或计时工资标准的一定比例支付的工资。

人工单价在各部门或各地区并不完全相同,有高有低,所以计入预算定额的人工单价一般是按某一平均技术等级为标准日工资单价,但也有地区按人工工种的不同分别计算人工费单价。例如《河南省房屋建筑与装饰工程预算定额》(2016)中,定额人工单价普工为87.1元/工日,一般技工为134元/工日,高级技工为201元/工日。

2.2.4.3　材料费价格的确定

材料费是指施工过程中耗费的原材料、辅助材料、构配件、零件、半成品或成品、工程设备的费用。内容包括：

（1）材料原价。是指材料、工程设备的出厂价格或商家供应价格。

（2）运杂费。是指材料、工程设备自来源地运至工地仓库或指定堆放地点所发生的全部费用。

（3）运输损耗费。是指材料在运输装卸过程中不可避免的损耗。

（4）采购及保管费。是指为组织采购、供应和保管材料、工程设备的过程中所需要的各项费用。包括采购费、仓储费、工地保管费、仓储损耗。

工程设备是指构成或计划构成永久工程一部分的机电设备、金属结构设备、仪器装置及其他类似的设备和装置。

【例 2-1】　乳胶漆用塑料桶包装，每吨用 20 个桶，每个桶的单价为 20.50 元，回收率为 80%，残值率为 65%，试计算每吨乳胶漆的包装费、包装品回收价值。

解：（1）计算发生的包装费：

乳胶漆包装费 $= 20 \times 20.50 = 410.00$（元/t）

（2）计算包装品回收价值：

包装品回收价值 $= 410.00 \times 80\% \times 65\% = 213.20$（元/t）

【例 2-2】　某地方材料，经货源调查后确定，甲地可以供货 20%，原价 93.50 元/t；乙地可以供货 30%，原价 91.20 元/t；丙地可以供货 15%，原价 94.80 元/t；丁地可以供货 35%，原价 90.80 元/t。甲乙两地为水路运输，甲地运距 103 km，乙地运距 115 km，运费 0.35 元/（km·t），装卸费 3.4 元/t，驳船费 2.5 元/t，途中损耗 3%；丙丁两地为汽车运输，运距分别为 62 km 和 68 km，运费 0.45 元/（km·t），装卸费 3.6 元/t，调车费 2.8 元/t，途中损耗 2.5%。材料包装费均为 10 元/t，采购保管费率 2.5%，计算该材料的预算价格。

解：（1）加权平均原价 $= 93.50 \times 0.2 + 91.20 \times 0.3 + 94.80 \times 0.15 + 90.80 \times 0.35$

$= 92.06$（元/t）。

（2）地方材料直接从厂家采购，不计供销部门手续费。

（3）包装费 10 元/t。

（4）运杂费：

①运费：$(0.2 \times 103 + 0.3 \times 115) \times 0.35 + (0.15 \times 62 + 0.35 \times 68) \times 0.45 = 34.18$（元/t）。

②装卸费：$(0.2 + 0.3) \times 3.4 + (0.15 + 0.35) \times 3.6 = 3.5$（元/t）。

③调车驳船费：$(0.2 + 0.3) \times 2.5 + (0.15 + 0.35) \times 2.8 = 2.65$（元/t）。

④加权平均途耗率：$(0.2 + 0.3) \times 3\% + (0.15 + 0.35) \times 2.5\% = 2.75\%$

材料运输损耗费 $= (92.06 + 10 + 34.18 + 3.5 + 2.65) \times 2.75\% = 3.92$（元/t）。

材料运杂费 $= 34.18 + 3.5 + 2.65 + 3.92 = 44.25$（元/t）。

（5）该地方材料预算价格 $= (92.06 + 10 + 44.25) \times (1 + 2.5\%) = 149.97$（元/t）。

2.2.4.4　机械费价格的确定

施工机具使用费是指施工作业所发生的施工机械、仪器仪表使用费或其租赁费。

1. 施工机械使用费

施工机械使用费以施工机械台班耗用量乘以施工机械台班单价表示，施工机械台班单价应由下列七项费用组成：

（1）折旧费。指施工机械在规定的使用年限内,陆续收回其原值的费用。

（2）大修理费。指施工机械按规定的大修理间隔台班进行必要的大修理,以恢复其正常功能所需的费用。

（3）经常修理费。指施工机械除大修理以外的各级保养和临时故障排除所需的费用。包括为保障机械正常运转所需替换设备与随机配备工具附具的摊销和维护费用,机械运转中日常保养所需润滑与擦拭的材料费用及机械停滞期间的维护和保养费用等。

（4）安拆费及场外运费。安拆费指施工机械(大型机械除外)在现场进行安装与拆卸所需的人工、材料、机械和试运转费用以及机械辅助设施的折旧、搭设、拆除等费用;场外运费指施工机械整体或分体自停放地点运至施工现场或由一施工地点运至另一施工地点的运输、装卸、辅助材料及架线等费用。

（5）人工费。指机上司机(司炉)和其他操作人员的人工费。

（6）燃料动力费。指施工机械在运转作业中所消耗的各种燃料及水、电等。

（7）税费。指施工机械按照国家规定应缴纳的车船使用税、保险费及年检费等。

2. 仪器仪表使用费

仪器仪表使用费是指工程施工所需使用的仪器仪表的摊销及维修费用。

2.2.4.5 预算定额单价的确定

预算定额单价即定额基价,其表现形式有分部分项工程直接费单价和综合费用单价两种形式。

1. 分部分项工程直接费单价

计算公式为

$$分部分项工程直接费单价 = 分部分项工程人工费 + 材料费 + 机械费 \qquad (2-16)$$

其中,人工费 = 分部分项工程人工工日数 × 人工工日预算单价;

材料费 = $\sum$(分部分项工程材料耗用量 × 材料预算单价);

机械费 = $\sum$(分部分项工程机械台班耗用量 × 机械台班预算单价)。

2. 分部分项工程综合费用单价

分部分项工程综合费用单价即在定额基价中除直接费外,还综合了其他费用,如综合了间接费、规费等。随着工程计价模式的改革,一些地方对工程价格的组成内容重新进行了划分和组合,综合费用的内容也各不相同,如《河南省房屋建筑与装饰工程预算定额》(HA 01 - 31 - 2016)中的定额基价属于综合费用单价,包括了人工费、机械费、材料费、其他措施费、安全文明施工费、管理费、利润和规费等内容。

第 3 节　概算定额和概算指标

3.1　概算定额

3.1.1　概算定额的概念

建筑工程概算定额,是指在正常的施工生产条件下,完成一定计量单位的工程建设产品(扩大结构构件或分部扩大分项工程)所需要的人工、材料、机械消耗数量和费用的标准。

概算定额是在预算定额的基础上,按工程形象部位,以主体结构分部为主,将一些相近的分项工程预算定额加以合并,进行综合扩大编制的。它与预算定额相比,项目划分要综合,使概算工程量的计算和概算书的编制都比预算简化了许多,但精确度相对降低了。

概算定额的组成内容、表现形式和使用方法等与预算定额十分相似,也可划分为建筑工程概算定额和安装工程概算定额两大类。其中,建筑工程概算定额包括一般土建工程概算定额、给排水工程概算定额、采暖工程概算定额、通信工程概算定额、电气照明工程概算定额和工业管道工程概算定额等;设备安装工程概算定额主要包括机器设备及安装工程概算定额、电气设备及安装工程概算定额和工器具及生产家具购置费概算定额等。概算定额在编制过程中,与预算定额的水平基本一致,但两者在水平上需保留一个合理的幅度差。

3.1.2　概算定额的作用

(1)是编制投资计划,控制投资的依据。

(2)是编制设计概算,进行设计方案优选的重要依据。

(3)是施工企业编制施工组织总设计的依据。

(4)根据概算定额可以编制建设工程的标底和报价,进行工程结算。

(5)是编制投资估算指标的基础。

3.1.3　概算定额的编制原则

(1)概算定额的编制深度,要适应设计的要求。概算定额是初步设计阶段计算工程造价的依据,在保证设计概算质量的前提下,概算定额的项目划分应简明和便于计算。要求计算简单和项目齐全,但它只能综合,而不能漏项。在保证一定准确性的前提下,以主体结构分部工程为主,合并相关联的子项,并考虑应用电子计算机编制概算的要求。

(2)概算定额要有一定的幅度差。概算定额在综合过程中,应使概算定额与预算定额之间留有余地,即两者之间将产生一定的允许幅度差,一般应控制在 5% 以内,这样才能使设计概算起到控制施工图预算的作用。

(3)为了稳定概算定额水平,统一考核和简化计算工作量,并考虑到扩大初步设计图的深度条件,概算定额的编制尽量不留活口或少留活口。

3.1.4　概算定额的编制依据

(1)现行的设计标准规范。

(2)现行的建筑安装工程预算定额。

(3)现行的建筑安装工程单位估价表。

(4)国务院各有关部门和各省、自治区、直辖市批准颁发的标准设计图集及有代表性的设计图纸等。

(5)现行的概算定额及其编制资料。

(6)编制期人工工资标准、材料预算价格、机械台班费用等。

3.1.5　概算定额的编制步骤

编制概算定额的方法与步骤和编制综合预算定额的方法与步骤基本相同,所以其编制原理可参考综合预算定额的编制原理。概算定额的编制一般分为以下步骤:

(1)准备阶段。主要是成立编制机构,确定组成人员,进行调查研究,了解现行概算定额执行情况及存在问题,明确编制范围及编制内容等。在此基础上,制定概算定额的编制细则和定额项目划分标准。

（2）编制阶段。根据已制定的编制细则、定额项目划分标准和工程量计算规则，对收集到的设计图纸、技术资料进行细致的测算和分析，编制出概算定额初稿；将该初稿的定额总水平与预算定额水平相比较，分析二者在水平上的一致性，并进行必要的调整。

（3）审批阶段。在征求意见修改之后，形成审批稿，再经批准后即可交付印刷。

3.1.6 概算定额的内容

概算定额的内容与预算定额基本相同。

3.2 概算指标

3.2.1 概算指标的概念

概算指标以统计指标的形式反映工程建设过程中生产单位合格工程建设产品所需资源消耗量的水平。它比概算定额更为综合和概括，通常是以整个建筑物和构筑物为对象，以建筑面积、体积或成套设备装置的台或组为计量单位，包括人工、材料和机械台班的消耗量标准和造价指标。

3.2.2 概算指标的作用

（1）概算指标可以作为编制投资估算的参考。

（2）概算指标中的主要材料指标可作为匡算主要材料用量的依据。

（3）概算指标是设计单位进行设计方案比较，建设单位选址的依据。

（4）概算指标是编制固定资产投资计划，确定投资额的主要依据。

3.2.3 概算指标的编制原则

3.2.3.1 按平均水平确定概算指标的原则

在我国社会主义市场经济条件下，概算指标作为确定工程造价的依据，必须遵照价值规律的客观要求，在编制时必须按社会必要劳动时间，贯彻平均水平的编制原则。只有这样，才能使概算指标合理确定和控制工程造价的作用得到充分发挥。

3.2.3.2 概算指标的内容和表现形式，要贯彻简明适用的原则

概算指标从形式到内容应简明易懂，要便于在使用时根据拟建工程的具体情况进行必要的调整换算，能在较大范围内满足不同用途的需要。

3.2.3.3 概算指标的编制依据，必须具有代表性

编制概算指标所依据的工程设计资料是有代表性的，是技术上先进的、经济上合理的。

3.2.4 概算指标的编制依据

以建筑工程为例，建筑工程概算指标的编制依据有：

（1）各种类型工程的典型设计和标准设计图纸。

（2）现行建筑工程预算定额和概算定额。

（3）当地材料价格、工资单价、施工机械台班费、间接费定额。

（4）各种类型的典型工程结算资料。

（5）国家及地区的现行工程建设政策、法令和规章。

3.2.5 概算指标的表现形式

按具体内容和表示方法的不同，概算指标一般有综合指标和单项指标两种形式。

3.2.5.1 综合指标

综合指标是以一种类型的建筑物或构筑物为研究对象，以建筑物或构筑物的体积或面

积为计量单位,综合了该类型范围内各种规格的单位工程的造价和消耗量指标而形成的。它反映的不是具体工程的指标,而是一类工程的综合指标,是一种概括性较强的指标。如表2-1～表2-3所示。

表2-1 各类工业项目投资参考指标

序号	项目	投资分配					
		建筑工程			设备及安装工程		其他
		工业建筑	民用建筑	厂外工程	设备	安装	
1	冶金工业	33.4	3.5	1.3	48.2	5.7	7.9
2	电工器材工业	7.7	5.4	0.8	1.7	2.2	12.2
3	石油工业	22	3.5	1	50	10	13.5
4	机械制造工业	27	3.9	1.3	56	2.3	9.5
5	化学工业	33	3	1	46	11	9
6	建筑材料工业	5.6	3.1	3.5	50	2.8	7.8
7	轻工业	25	4.4	0.5	55	6.1	9
8	电力工业	30	1.6	1.1	51	13	3.3
9	煤炭工业	41	6	2	38	7	6
10	食品工业(冻肉厂)	55	3	0.5	30	9	2.5
11	纺织工业(棉纺厂)	29	4.5	1	53	4	8.5

表2-2 建筑工程每100 m² 工料消耗指标

项目	人工及主要材料												
	人工	钢材	水泥	模板	成材	砖	黄砂	碎石	毛石	石灰	玻璃	油毡	沥青
	工日	t	t	m³	m³	千块	t	t	t	t	m	m	kg
工业与民用建筑综合	315	3.04	13.57	1.69	1.44	14.76	44	46	8	1.48	18	110	240
(一)工业建筑	340	3.94	14.45	1.82	1.43	11.56	46	51	10	1.02	18	133	300
(二)民用建筑	277	1.68	12.24	1.50	1.48	19.58	42	36	6	2.63	17	67	160

3.2.5.2 单项指标

单项指标则是一种以典型的建筑物或构筑物为分析对象的概算指标,仅仅反映某一具体工程的消耗情况。如表2-4所示。

3.2.6 概算指标的编制方法

3.2.6.1 单项指标

单项指标的编制较为简单。按具体的施工图纸和预算定额编制工程预算书,算出工程造价及资源消耗量,再将其除以建筑面积即得单项指标。

3.2.6.2 综合指标

综合指标的编制是一个综合过程。其基本原理是将不同工程的单项指标进行加权平均,计算能综合反映一般水平的单位造价及资源消耗量指标,即为工程的综合指标。

表 2-3　办公楼技术经济指标汇总

层数及结构形式		2 层 混合结构	4 层 混合结构	6 层 框架结构	9 层 框架结构	12 层 框架结构	29 层 框剪结构
总建筑面积	m²	435	1 377	4 865	5 378	14 800	21 179
总造价	万元	27.8	86.7	243	309	1 595	2 008
檐高	m	7.1	13.5	23.4	29	46.9	90.9
工程特征及 设备选型		混合结构钢筋混凝土带基,桩基(0.2 m × 0.2 m × 8 m × 109 根),铝合金茶色玻璃窗,硬木弹簧门,外墙石屑砂浆面层,内墙刷乳胶漆,2 件卫生洁具	混合结构,无梁带基,外墙刷 PA-1 涂料,2 件卫生洁具,吊扇,立式空调器,50 门电话交换机 1 套	框架结构,钢筋混凝土有梁满堂基础,内外墙面刷涂料,地面做 777 涂料,吊扇,50 门,共电式交换机 1 套,窗式空调器,2 t 电梯 1 台	框架结构,独立柱基,桩基(0.4 m × 0.4 m × 26.5 m × 365 根),铝合金门窗,外墙做水刷石,地面做 777 涂料,2 件卫生洁具,吊扇,1 t 电梯 2 台	框架结构,独立柱基,桩基(0.4 m × 0.4 m × 7 m × 262 根),古铜色铝合金茶色玻璃门窗,外墙石屑砂浆面层,局部泰山面砖,彩磨地面,2 件卫生洁具,窗式空调器,400 门自动电话交换机,1 t 电梯 3 台	框剪结构,箱基(底板 J = 1 200),桩基(0.45 m × 0.45 m × 38.2 m × 251 根),铝合金弹簧门,铝合金窗,外墙贴马赛克,局部轻钢龙骨吊顶,水磨石地面,3 件卫生洁具,0.5 t 电梯 2 台,1 t 电梯 4 台
每平方米建筑面积 总造价(元)		639	631	500	573	1 078	948
其中:土建		601	454	382	453	823	744
设备		35	176	112	115	242	191
其他		3	1	6	5	13	13
主要材料消耗指标	水泥 kg/m²	251	212	234	247	292	351
	钢材 kg/m²	28	28	55	57	79	74
	钢模 kg/m²	1.2	2.2	2.5	3	5.2	7.4
	原木 m³/m²	0.022	0.018	0.015	0.023	0.029	0.018
	混凝土 折厚 cm/m²	19	12	23	54	48	58

表 2-4　某 12 层框架结构办公楼技术经济明细指标

项目名称		办公楼		每平方米主要材料及其他指标	水泥	kg/m²	292
檐高(m)	46.9	建筑占地面积(m²)	2 455		钢材	kg/m²	79
层数(层)	12	总建筑面积(m²)	14 800		钢模	kg/m²	5.20
层高(m)	3.6	其中:地上面积(m²)	1 595		原木	m³/m²	0.029
开间(m)	7	地下面积(m²)		混凝土折厚	地上	cm/m²	30
进深(m)	6	总造价(万元)	1 595		地下	cm/m²	9
间	132	单位造价(元/m²)	1 078		桩基	cm/m²	102

工程特征	框架结构,独立桩基,桩基(0.4 m×0.4 m×17 m×262 根,0.45 m×0.45 m×30 m×294 根),古铜色铝合金茶色玻璃门窗,外墙石屑砂浆面层,局部泰山面砖,内墙乳胶漆,彩色水磨石地面
设备选型	2 件卫生洁具,局部窗式空调器,400 门自动电话交换机 1 套,3 台 1 t 全自动电梯

项目名称	总值(元)	占分部造价(%)	占总造价(%)	技术经济指标				
				单位	数量	单价1	单价2	单价3
土建	6 290 330	100	70.2	m²	14 800	425	823	1 440
地上部分	5 145 700	81.8		m²	14 800	348	674	1 180
地下部分								
打桩	1 144 640	18.2		m²	14 800	78	144	252
设备	2 469 710	100	27.6	m²	14 800	167	242	424
给排水	209 510	8.5		m²	14 800	14	20	35
照明、防雪	284 880	11.5		m²	14 800	19	28	49
电力	38 790	1.6		kW	273	142	206	361
空调	190 160	7.7		m²	14 800	13	19	33
弱电	1 359 360	55.0		m²	14 800	91	132	231
动力	9 940	0.4		m²	14 800	0.63	0.91	2
冷冻设备	53 780	2.2		kcal	184 000	0.29	0.42	0.74
电梯	323 210	13.1		台	3	107 360	155 672	272 426
其他费用	194 750		2.2	m²	14 800	13	13	23

注:1 cal = 4.185 5 J。

第4节 投资估算指标和工程造价指数

4.1 投资估算指标

4.1.1 投资估算指标的概念

投资估算指标是编制建设项目建议书、可行性研究报告等前期工作阶段投资估算的依据，也可以作为编制固定资产长远规划投资额的参考。投资估算指标为完成项目建设的投资估算提供依据和手段，它在固定资产的形成过程中起着投资预测、投资控制、投资效益分析的作用，是合理确定项目投资的基础。估算指标中的主要材料消耗量也是一种扩大材料消耗指标，可以作为计算建设项目主要材料消耗量的基础。估算指标的正确制定和合理使用对提高投资估算的准确度、对建设项目进行合理评估和正确决策具有重要的意义。

4.1.2 投资估算指标的作用

同概算定额和预算定额一样，投资估算指标是与建设程序各个阶段相适应的多次性估价的产物，主要作用是：

（1）作为编制投资估算的依据。

（2）对建设项目进行合理评估、正确决策的依据。

（3）编制基本建设计划、申请投资拨款和制订资源使用计划的依据。

（4）考核投资效果的依据。

4.1.3 投资估算指标的内容

投资估算指标是确定和控制建设项目全过程各项投资支出的技术经济指标，其范围涉及建设前期、建设实施期和竣工验收交付使用期等各个阶段的费用支出，内容因行业不同而各异，一般可分为建设项目综合指标、单项工程指标和单位工程指标三个层次。

4.1.3.1 建设项目综合指标

建设项目综合指标指按规定应列入建设项目总投资从立项筹建开始至竣工验收交付使用的全部投资额，包括单项工程投资、工程建设其他费用和预备费等。建设项目综合指标一般以项目的综合生产能力单位投资表示，如元/t、元/kW；或以使用功能表示，如医院床位：元/床等。

我国建设工程投资估算指标大多数是由国务院各部委或中央级专业公司制定发布的，投资估算指标的种类非常多样，如《建设项目经济评价方法与参数》《石油化工安装工程概算指标》等。我国各部门制定的建设工程投资估算指标内容和表现形式，结合各自行业的特点各有不同，应具体参照其编制的原则和使用说明执行。

4.1.3.2 单项工程指标

一般建设工程投资估算指标太粗，所以如果能够具有更细的技术资料和单项工程指标的话，可以将整个建设工程分解为若干个单项工程，使用单项工程指标分别估算各个单项工程的造价。再估算设备与工器具购置费、工程建设其他费用和固定资产调节税等，最后综合成为整个建设工程的总造价，这样就比采用建设工程投资估算指标更为准确了。

单项工程指标指按规定应列入能独立发挥生产能力或使用效益的单项工程内的全部投

资额,包括建筑工程费、安装工程费、设备及生产工器具购置费和其他费用。单项工程一般划分原则如下:

(1)主要生产设施。指直接参加生产产品的工程项目,包括生产车间或生产装置。

(2)辅助生产设施。指为主要生产车间服务的工程项目,包括集中控制室、中央实验室,机修、电修、仪器仪表修理及木工等车间,原材料、成品、半成品及危险品仓库。

(3)公用工程。包括给排水系统、供热系统、供电及通信系统,以及热电站、热力站、煤气站、空压站、冷冻站、冷却塔和全厂管网等。

(4)环境保护工程。包括废气、废渣、废水等的处理和综合利用设施及全厂性绿化。

(5)总图运输工程。包括厂区防洪、围墙、大门、传达及收发室、汽车库、消防车库、厂区道路、桥涵、厂区码头及厂区大型土石方工程。

(6)厂区服务设施。包括厂部办公室、厂区食堂、医务室、浴室、哺乳室、自行车车棚等。

(7)生活福利设施。包括职工宿舍、住宅、生活区食堂、职工医院、俱乐部、托儿所、幼儿园、子弟学校、商业服务点及与之配套的设施。

(8)厂外工程。如水源工程,厂外输电、输水、排水、通信、输油等管线,以及公路、铁路专用线等。

单项工程指标一般以单项工程生产能力单位投资表示。例如,变配电站:元/(kV·A);锅炉房:元/t 蒸汽;供水站:元/m³;办公室:元/m² 等。

4.1.3.3 单位工程指标

这一层次的技术经济指标也可称为概算指标,是比概算定额更为综合和概括的一类定额。它主要以单位建筑或安装工程为估算对象,对各类建筑物以建筑面积、建筑体积或万元造价为计量单位,对构筑物以座为计量单位,对安装工程以台、套等为计量单位所整理的造价和人工、主要材料用量等的指标。

如果采用单项工程指标还是比较粗略的话,还可以按照相关的技术资料和单位工程指标将单项工程划分为若干个单位工程,然后采用单位工程指标分别估算各个单位工程的造价,再将其汇总,便得到整个单项工程的造价。所以,如果能够将建设项目按照一定的技术与经济资料划分到单位工程,这时利用单位工程指标就能够更加准确地估算整个建设工程的造价。

4.1.4 装配式建筑工程投资估算指标(参考)

2016 年 12 月,住房和城乡建设部颁布了《装配式建筑工程消耗量定额》(TY01 – 01 (01) – 2016)及装配式建筑工程投资估算指标(参考),指标分为装配式混凝土住宅工程和装配式钢结构住宅工程,按照 PC 率测算出建安造价和估算指标。

指标实施时按预备费 5%、工程建设其他费用 10%、建安费用 85% 编制;指标仅考虑 ±0.00 以上部分的造价,未包括基础和地下室;指标按照 2016 年 6 月的市场价格编制。

4.1.4.1 装配式混凝土住宅工程投资估算指标(参考)

装配式混凝土住宅工程投资估算指标见表 2-5 ~ 表 2-12。

表 2-5　装配式混凝土小高层住宅，*PC* 率 20%（±0.00 以上）

指标编号			1 - 1	
项目名称		单位	金额	占比（%）
估算参考指标		元/m²	1 990.00	100.00
其中	建安费用	元/m²	1 691.77	85.00
	工程建设其他费用	元/m²	199.00	10.00
	预备费	元/m²	100.00	5.00

建筑安装工程单方造价

项目名称	单位	金额	占总建安费用比例（%）
人工费	元/m²	324.00	19.15
材料费	元/m²	1 114.00	65.85
机械费	元/m²	51.55	3.05
组织措施费	元/m²	39.79	2.35
企业管理费	元/m²	42.63	2.52
规费	元/m²	35.52	2.10
利润	元/m²	25.86	1.53
税金	元/m²	58.42	3.45
建安造价合计	元/m²	1 691.77	100.00

人工、主要材料消耗量

人工、材料名称	单位	单方用量	备注
人工	工日	2.70	
钢材	kg	36.90	不含构件中钢筋
商品混凝土	m³	0.27	不含构件中商品混凝土
预制构件	m³	0.068	

表 2-6　装配式混凝土小高层住宅，*PC* 率 40%（±0.00 以上）

指标编号			1 - 2	
项目名称		单位	金额	占比（%）
估算参考指标		元/m²	2 134	100.00
其中	建安费用	元/m²	1 813	85.00
	工程建设其他费用	元/m²	213	10.00
	预备费	元/m²	107	5.00

续表 2-6

建筑安装工程单方造价

项目名称	单位	金额	占总建安费用比例（%）
人工费	元/m²	288.00	15.88
材料费	元/m²	1 286.00	70.91
机械费	元/m²	48.15	2.66
组织措施费	元/m²	35.61	1.96
企业管理费	元/m²	38.16	2.10
规费	元/m²	31.80	1.76
利润	元/m²	23.15	1.28
税金	元/m²	62.63	3.45
建安造价合计	元/m²	1 813.50	100.00

人工、主要材料消耗量

人工、材料名称	单位	单方用量	备注
人工	工日	2.40	
钢材	kg	28.04	不含构件中钢筋
商品混凝土	m³	0.20	不含构件中商品混凝土
预制构件	m³	0.136	

表 2-7　装配式混凝土小高层住宅，PC 率 50%（±0.00 以上）

指标编号		1 — 3	
项目名称	单位	金额	占比（%）
估算参考指标	元/m²	2 205.00	100.00
其中　建安费用	元/m²	1 874.11	85.00
其中　工程建设其他费用	元/m²	221.00	10.00
其中　预备费	元/m²	110.00	5.00

建筑安装工程单方造价

项目名称	单位	金额	占总建安费用比例（%）
人工费	元/m²	270.00	14.41
材料费	元/m²	1 372.00	73.21
机械费	元/m²	46.45	2.48
组织措施费	元/m²	33.52	1.79
企业管理费	元/m²	35.92	1.92
规费	元/m²	29.93	1.60
利润	元/m²	21.56	1.15

续表 2-7

项目名称	单位	金额	占总建安费用比例（%）
税金	元/m²	64.72	3.45
建安造价合计	元/m²	1 874.11	100.00
人工、主要材料消耗量			
人工、材料名称	单位	单方用量	备注
人工	工日	2.25	
钢材	kg	23.32	不含构件中钢筋
商品混凝土	m³	0.17	不含构件中商品混凝土
预制构件	m³	0.170	

表 2-8　装配式混凝土小高层住宅,PC 率 60%（±0.00 以上）

指标编号		1 - 4	
项目名称	单位	金额	占比（%）
估算参考指标	元/m²	2 277	100.00
其中　建安费用	元/m²	1 935	85.00
其中　工程建设其他费用	元/m²	228	10.00
其中　预备费	元/m²	114	5.00
建筑安装工程单方造价			
项目名称	单位	金额	占总建安费用比例（%）
人工费	元/m²	252.00	13.02
材料费	元/m²	1 458.00	75.34
机械费	元/m²	44.75	2.31
组织措施费	元/m²	31.44	1.62
企业管理费	元/m²	33.68	1.74
规费	元/m²	28.07	1.45
利润	元/m²	20.44	1.06
税金	元/m²	66.83	3.45
建安造价合计	元/m²	1 935.21	100.00
人工、主要材料消耗量			
人工、材料名称	单位	单方用量	备注
人工	工日	2.10	
钢材	kg	18.41	不含构件中钢筋
商品混凝土	m³	0.14	不含构件中商品混凝土
预制构件	m³	0.204	

表 2-9　装配式混凝土高层住宅,PC 率 20%（±0.00 以上）

指标编号		1 - 5		
项目名称	单位	金额		占比（%）
估算参考指标	元/m²	2 231.00		100.00
其中	建安费用	元/m²	1 896.00	85.00
	工程建设其他费用	元/m²	223.00	10.00
	预备费	元/m²	112.00	5.00

建筑安装工程单方造价

项目名称	单位	金额	占总建安费用比例（%）
人工费	元/m²	345.60	18.23
材料费	元/m²	1 262.40	66.59
机械费	元/m²	58.40	3.08
组织措施费	元/m²	45.12	2.38
企业管理费	元/m²	48.34	2.55
规费	元/m²	40.28	2.12
利润	元/m²	30.20	1.59
税金	元/m²	65.47	3.45
建安造价合计	元/m²	1 895.81	100.00

人工、主要材料消耗量

人工、材料名称	单位	单方用量	备注
人工	工日	2.88	
钢材	kg	48.96	不含构件中钢筋
商品混凝土	m³	0.31	不含构件中商品混凝土
预制构件	m³	0.078	

表 2-10　装配式混凝土高层住宅,PC 率 40%（±0.00 以上）

指标编号		1 - 6		
项目名称	单位	金额		占比（%）
估算参考指标	元/m²	2 396.00		100.00
其中	建安费用	元/m²	2 037.00	85.00
	工程建设其他费用	元/m²	240.00	10.00
	预备费	元/m²	120.00	5.00

建筑安装工程单方造价			
项目名称	单位	金额	占总建安费用比例（%）
人工费	元/m²	307.20	15.08
材料费	元/m²	1 456.80	71.53
机械费	元/m²	54.50	2.68
组织措施费	元/m²	40.39	1.98
企业管理费	元/m²	43.28	2.12
规费	元/m²	36.06	1.77
利润	元/m²	28.05	1.38
税金	元/m²	70.33	3.45
建安造价合计	元/m²	2 036.61	100.00

人工、主要材料消耗量			
人工、材料名称	单位	单方用量	备注
人工	工日	2.56	
钢材	kg	39.05	不含构件中钢筋
商品混凝土	m³	0.23	不含构件中商品混凝土
预制构件	m³	0.156	

表 2-11　装配式混凝土高层住宅, PC 率 50%（±0.00 以上）

指标编号		1 — 7	
项目名称	单位	金额	占比（%）
估算参考指标	元/m²	2 478.00	100.00
其中　建安费用	元/m²	2 106.00	85.00
其中　工程建设其他费用	元/m²	248.00	10.00
其中　预备费	元/m²	124.00	5.00

建筑安装工程单方造价			
项目名称	单位	金额	占总建安费用比例（%）
人工费	元/m²	288.00	13.68
材料费	元/m²	1 554.00	73.79
机械费	元/m²	52.55	2.50
组织措施费	元/m²	38.03	1.81
企业管理费	元/m²	40.75	1.93
规费	元/m²	33.96	1.61
利润	元/m²	25.83	1.23
税金	元/m²	72.72	3.45
建安造价合计	元/m²	2 105.84	100.00

续表 2-11

人工、主要材料消耗量

人工、材料名称	单位	单方用量	备注
人工	工日	2.40	
钢材	kg	33.77	不含构件中钢筋
商品混凝土	m³	0.20	不含构件中商品混凝土
预制构件	m³	0.95	

表 2-12　装配式混凝土高层住宅，PC 率 60%（±0.00 以上）

指标编号		1－8	
项目名称	单位	金额	占比（%）
估算参考指标	元/m²	2 559.00	100.00
其中　建安费用	元/m²	2 175.00	85.00
其中　工程建设其他费用	元/m²	256.00	10.00
其中　预备费	元/m²	128.00	5.00

建筑安装工程单方造价

项目名称	单位	金额	占总建安费用比例（%）
人工费	元/m²	268.80	12.36
材料费	元/m²	1 651.20	75.93
机械费	元/m²	50.60	2.33
组织措施费	元/m²	35.67	1.64
企业管理费	元/m²	38.22	1.76
规费	元/m²	31.85	1.46
利润	元/m²	23.25	1.07
税金	元/m²	75.10	3.45
建安造价合计	元/m²	2 174.69	100.00

人工、主要材料消耗量

人工、材料名称	单位	单方用量	备注
人工	工日	2.24	
钢材	kg	28.27	不含构件中钢筋
商品混凝土	m³	0.16	不含构件中商品混凝土
预制构件	m³	0.234	

4.1.4.2　装配式钢结构住宅工程投资估算指标（参考）

装配式钢结构住宅工程投资估算指标见表 2-13。

表 2-13　装配式钢结构高层住宅（±0.00 以上）

指标编号			2 – 1	
项目名称		单位	金额	占比（%）
估算参考指标		元/m²	2 777	100.00
其中	建安费用	元/m²	2 360	85.00
	工程建设其他费用	元/m²	278	10.00
	预备费	元/m²	139	5.00

建筑安装工程单方造价

项目名称	单位	金额	占总建安费用比例（%）
人工费	元/m²	192.58	8.16
材料费	元/m²	1 699.20	72.00
机械费	元/m²	153.40	6.50
组织措施费	元/m²	66.08	2.80
企业管理费	元/m²	70.80	3.00
规费	元/m²	59.00	2.50
利润	元/m²	37.52	1.59
税金	元/m²	81.42	3.45
建安造价合计	元/m²	2 360	100.00

人工、主要材料消耗量

人工、材料名称	单位	单方用量	备注
人工	工日	1.60	
钢材	kg	95.00	含构件中钢筋

4.1.4.3　装配式建筑与传统建筑经济指标对比分析

装配式建筑与传统建筑经济指标对比分析见表 2-14。

表 2-14　装配式建筑与传统建筑经济指标对比分析

测算内容		造价上涨（%）	人工用量下降（%）	工期提前（%）	建筑垃圾减少（%）	建筑污水减少（%）	能耗降低（%）	备注
装配式混凝土建筑对比传统建筑	PC 率20%	6～8	10	5	10	10	8	测算对象为 ±0.00 以上部分
	PC 率30%	10～12	15	10	25	25	18	
	PC 率40%	14～16	20	15	35	35	25	
	PC 率50%	18～22	25	20	45	45	30	
装配式钢结构建筑对比传统建筑		30～35	30	30	45	45	30	
单元式幕墙对比普通幕墙		25～35	20	50	30	30	15	

4.2　工程造价指数

4.2.1　工程造价指数的概念

4.2.1.1　指数

指数是用来统计研究社会经济现象数量变化幅度和趋势的一种特有的分析方法和手段。指数有广义和狭义之分。广义的指数是指反映社会经济现象变动与差异程度的相对数。如产值指数、产量指数、出口额指数等。狭义上的指数特指统计指数，是指用来综合反映社会经济现象复杂总体数量变动状况的相对数。所谓复杂总体，是指数量不能直接加总的总体。例如不同的产品和商品，有不同的使用价值和计量单位，不同商品的价格也以不同的使用价值和计量单位为基础，都是不同度量的事物，是不能直接相加的。但通过狭义的统计指数就可以反映出不同度量的事物所构成的特殊总体变动或差异程度。例如物价总指数、成本总指数等。

4.2.1.2　指数的分类

（1）指数按其所反映的现象的范围不同，分为个体指数和总指数。个体指数是反映个别现象变动情况的指数。如个别产品的产量指数、个别商品的价格指数等。总指数是综合反映不能同度量的现象动态变化的指数。如工业总产量指数、社会商品零售价格总指数等。

（2）指数按其所反映的现象的性质不同，分为数量指标指数和质量指标指数。数量指标指数是综合反映现象总的规模和水平变动情况的指数。如商品销售量指数、工业产品产量指数、职工人数指数等。质量指标指数是综合反映现象相对水平或平均水平变动情况的指数。如产品成本指数、价格指数、平均工资水平指数等。

（3）指数按其所采用的基期不同，分为定基指数和环比指数。当对一个时间数列进行分析时，计算动态分析指标通常用不同时间的指标值做对比。在动态对比时作为对比基础时期的水平，叫基期水平；所要分析的时期（与基期相比较的时期）的水平，叫报告期水平或计算期水平。定基指数是指各个时期指数都是采用同一固定时期为基期计算的，表明社会经济现象对某一固定基期的综合变动程度的指数。环比指数是以前一时期为基期计算的指数，表明社会经济现象对上一期或前一期的综合变动的指数。定基指数或环比指数可以连续将许多时间的指数按时间顺序加以排列，形成指数数列。

（4）指数按其所编制的方法不同，分为综合指数和平均数指数。综合指数是通过确定同度量因素，把不能同度量的现象过渡为可以同度量的现象，采用科学方法计算出两个时期的总量指标并进行对比而形成的指数。平均数指数是从个体指数出发，通过对个体指数加权平均计算而形成的指数。综合指数是总指数的基本形式，平均数指数是综合指数的变形。综合指数虽然能完整地反映所研究现象的经济内容，但编制时需要全面的材料，这在实践中是很困难的。因此，实践中可用平均数指数的形式来编制总指数。

4.2.1.3　工程造价指数的概念

工程造价指数是反映一定时期由于价格变化对工程造价影响程度的一种指标，它反映了报告期与基期相比的价格变动趋势，是调整工程造价价差的依据。在实际工作中工程造价指数可以用于分析价格变动趋势及其原因，可以用于估计工程造价变化对宏观经济的影响，同时工程造价指数还是工程承发包双方进行工程估价和结算的重要依据。

4.2.1.4 工程造价指数的分类

1. 按照对应的工程造价的构成内容来分类

（1）各种单项价格指数。包括了反映各类工程的人工费、材料费、施工机械使用费报告期价格对基期价格的变化程度的指标。可利用它研究主要单项价格变化的情况及其发展变化的趋势。其计算过程可以简单表示为报告期价格与基期价格之比。另外，也可以把各种费率指数归入其中，例如措施费指数、间接费指数，甚至工程建设其他费用指数等。这些费率指数可以直接用报告期费率与基期费率之比求得。显然这些单项价格指数编制较简单，都属于个体指数。

（2）设备、工器具价格指数。设备、工器具的种类、品种和规格很多。设备、工器具费用的变动通常是由两个因素引起的，即设备、工器具单件采购价格的变化和采购数量的变化，同时工程所采购的设备、工器具是由不同规格、不同品种组成的，因此设备、工器具价格指数属于总指数。由于采购价格与采购数量的数据无论是基期还是报告期都比较容易获得，因此设备、工器具价格指数可以用综合指数的形式来表示。

（3）建筑安装工程造价指数。建筑安装工程造价指数包括了人工费指数、材料费指数、施工机械使用费指数，以及措施费、间接费等各项个体指数的综合影响，因此也属于总指数。但由于建筑安装工程造价指数相对比较复杂，涉及的方面较广，利用综合指数来进行计算分析难度较大。因此，可以通过对各项个体指数的加权平均，用平均数指数的形式来表示。

（4）建设项目或单项工程造价指数。该指数是由设备、工器具指数，建筑安装工程造价指数，工程建设其他费用指数综合得到的。它也属于总指数，并且与建筑安装工程造价指数类似，一般也用平均数指数的形式来表示。

2. 按照造价资料期限的长短来分类

（1）时点造价指数。时点造价指数是指不同时点价格对比计算的相对数。如2009年6月30日12时对应于上一年同一时点。

（2）月指数。月指数是不同月份价格对比计算的相对数。

（3）季指数。季指数是不同季度价格对比计算的相对数。

（4）年指数。年指数是不同年度价格对比计算的相对数。

4.2.2 工程造价指数的编制

4.2.2.1 各种单项价格指数的编制

1. 人工费、材料费、施工机械使用费等价格指数的编制

人工费、材料费、施工机械使用费等价格指数的编制可以直接用报告期价格与基期价格相比后得到。其计算公式如下：

$$人工费（材料费、施工机械使用费）价格指数 = P_n/P_o \tag{2-17}$$

式中　P_o——基期人工日工资单价（材料价格、机械台班单价）；

　　　P_n——报告期人工日工资单价（材料价格、机械台班单价）。

2. 措施费、间接费及工程建设其他费等费率指数的编制

其计算公式如下：

$$措施费（间接费、工程建设其他费）费率指数 = P_n/P_o \tag{2-18}$$

式中　P_o——基期措施费（间接费、工程建设其他费）费率；

　　　P_n——报告期措施费（间接费、工程建设其他费）费率。

3. 设备、工器具价格指数的编制

设备、工器具价格指数是用综合指数形式表示的总指数。运用综合指数计算总指数时，一般要涉及两个因素：一个是指数所要研究的对象，叫指数化因素；另一个是将不能同度量现象过渡为可以同度量现象的因素，叫同度量因素。当指数化因素是数量指标时，这时计算的指数称为数量指标指数；当指数化因素是质量指标时，这时的指数称为质量指标指数。很明显，在设备、工器具价格指数中，指数化因素是设备、工器具的采购价格，同度量因素是设备工器具的采购数量。因此，设备、工器具价格指数是一种质量指标指数。

（1）同度量因素的选择。设备、工器具价格指数是一种质量指标指数，同度量因素则应该是数量指标，即设备、工器具的采购数量。那么就会面临一个新的问题，即应该选择基期计划采购数量为同度量因素，还是应该选择报告期实际采购数量为同度量因素。因同度量因素选择的不同，可分为拉斯贝尔体系和派许体系。拉斯贝尔体系主张采用基期指标作为同度量因素，而派许体系主张采用报告期指标作为同度量因素。

拉氏公式为

$$K_P = \frac{\sum p_1 q_0}{\sum p_0 q_0} \tag{2-19}$$

派氏公式为

$$K_P = \frac{\sum p_1 q_1}{\sum p_0 q_1} \tag{2-20}$$

式中　K_P——综合指数；

　　　p_0、p_1——基期与报告期价格；

　　　q_0、q_1——基期与报告期数量。

对于质量指标指数，拉氏公式将同度量因素固定在基期，其结果说明按过去的采购数量计算设备、工器具价格的变动程度；派氏公式将同度量因素固定在报告期，使价格变动与现实的采购数量相联系，而不是与物价变动前的采购数量相联系。由此可见，用派氏公式计算价格总指数比较符合价格指数的经济意义。因此，确定同度量因素的一般原则是：质量指标指数应当以报告期的数量指标作为同度量因素，即使用派氏公式；数量指标指数应当以基期的质量指标作为同度量因素，即使用拉氏公式。

（2）价格指数的编制。考虑到设备、工器具的采购品种很多，为简化起见，计算价格指数时可选择其中用量大、价格高、变动多的主要设备、工器具的购置数量和单价进行计算。按照派氏公式进行计算如下：

$$设备、工器具价格指数 = \frac{\sum (报告期设备工器具单价 \times 报告期购置数量)}{\sum (基期设备工器具单价 \times 报告期购置数量)} \tag{2-21}$$

表 2-15 ~ 表 2-17 为豫建标定〔2016〕40 号发布的单项价格指数。

4.2.2.2　建筑安装工程价格指数

与设备、工器具价格指数类似，建筑安装工程价格指数也属于质量指标指数，所以也应该用派氏公式计算。但考虑到建筑安装工程价格指数的特点，所以用综合指数的变形即平均数指数的形式表示。

表 2-15　基期价格指数

专业	人工费指数	机械类指数	管理类指数
房屋建筑与装饰工程	1.370	1	1
通用安装工程	1.332	1	1
市政工程	0.947	1	1

表 2-16　第 1 期价格指数

专业	人工费指数	机械类指数	管理类指数
房屋建筑与装饰工程	1	1	1
通用安装工程	1	1	1
市政工程	1	1	1

表 2-17　基期工日单价

工种	人工工日	普工	一般技工	高级技工
单价(元/工日)	87.1	87.1	134	201
通用安装工程	1	1	1	
市政工程	1	1	1	

(1)平均数指数。从理论上说,综合指数是计算总指数的比较理想的形式,因为它不仅可以反映事物变动的方向与程度,而且可以用分子与分母的差额直接反映事物变动的实际经济效果。然而,在利用派氏公式计算质量指标指数时,需要掌握 $\sum p_0 q_1$(基期价格乘以报告期数量之积的和),这是比较困难的。相比而言,基期和报告期的费用总值($\sum p_0 q_0$, $\sum p_1 q_1$)却是比较容易获得的资料。因此,就可以在不违反综合指数一般原则的前提下,改变公式的形式而不改变公式的实质,利用容易掌握的资料来推算不容易掌握的资料,进而再计算指数。在这种背景下所计算的指数即为平均数指数。利用派氏综合指数进行变形后计算得出的平均数指数称为加权调和平均数指数。其计算过程如下:

设 $K_P = p_1 / p_0$ 表示个体价格指数,则派氏综合指数可以表示为

$$派氏综合指数 = \frac{\sum p_1 q_1}{\sum p_0 q_1} = \frac{\sum p_1 q_1}{\sum \frac{1}{K_P} p_1 q_1} \tag{2-22}$$

式中　$\dfrac{\sum p_1 q_1}{\sum \dfrac{1}{K_P} p_1 q_1}$——派氏综合指数变形后的加权调和平均数指数。

（2）建筑安装工程造价指数的编制。根据加权调和平均数指数的推导公式，可得建筑安装工程造价指数的公式如下：

$$建筑安装工程造价指数 = \frac{报告期建筑安装工程费}{\frac{报告期人工费}{人工费指数} + \frac{报告期材料费}{材料费指数} + \frac{报告期施工机具使用费}{机具使用费指数} + \frac{报告期企业管理费}{企业管理费指数} + 利润 + 规费 + 税金} \quad (2\text{-}23)$$

4.2.2.3　建设项目或单项工程造价指数的编制

建设项目或单项工程造价指数是由建筑安装工程造价指数，设备、工器具价格指数和工程建设其他费用指数综合而成的。与建筑安装工程造价指数相类似，其计算也应采用加权调和平均数指数的推导公式。其计算公式如下：

$$建设项目或单项工程造价指数 = \frac{报告期建设项目或单项工程造价}{\frac{报告期建筑安装工程费}{建筑安装工程造价指数} + \frac{报告期设备、工器具费}{设备、工器具价格指数} + \frac{报告期工程建设其他费用}{工程建设其他费用指数}} \quad (2\text{-}24)$$

编制完成的工程造价指数有很多用途，比如可作为政府对建设市场宏观调控的依据，也可以作为工程估算及概预算的基本依据。当然，其最重要的作用是在建设市场的交易过程中，为承包商提出合理的投标报价提供依据，此时的工程造价指数也可称为投标价格指数，具体的表现形式如表 2-18 所示。

表 2-18　黑龙江省 2007 年建筑工程造价指数

项目	2007 年 1 月	2007 年 5 月	2007 年 6 月	2007 年 7 月	2007 年 8 月
综合楼	100	103.10	102.71	102.73	105.68
教学楼	100	104.41	103.32	103.35	106.73
高层商住楼	100	104.14	103.23	103.21	106.11
多层住宅楼 1	100	103.99	102.33	102.35	104.25
多层厂房	100	104.54	103.36	103.38	105.01
多层住宅楼 2	100	103.07	101.87	101.89	103.74

第 5 节　装配式建筑工程消耗量定额

为贯彻落实《国务院办公厅关于大力发展装配式建筑的指导意见》（国办发〔2016〕71 号）中有关"制修订装配式建筑工程定额"的要求，满足装配式建筑工程计价需要，住房和城乡建设部组织编制了《装配式建筑工程消耗量定额》（TY 01 - 01（01）- 2016），该定额与《房屋建筑与装饰工程消耗量定额》（TY 01 - 31 - 2015）配套使用，自 2017 年 3 月 1 日起执行。

5.1　《装配式建筑工程消耗量定额》总说明

5.1.1　编制目的

为贯彻落实"适用、经济、安全、绿色、美观"的建筑方针,推进建造方式创新,促进传统建造方式向现代建造方式转变,满足装配式建筑项目的计价需要,合理确定和有效控制其工程造价,制定《装配式建筑工程消耗量定额》(简称本定额)。

5.1.2　适用范围

本定额适用于装配式混凝土结构、钢结构、木结构建筑工程项目。

5.1.3　编制意义

本定额是完成规定计量单位分部分项、措施项目所需的人工、材料、施工机械台班的消耗量标准,是各地区、部门工程造价管理机构编制建设工程定额确定消耗量,以及编制国有投资工程投资估算、设计概算和最高投标限价(标底)的依据。

5.1.4　定额内容

本定额应与现行《房屋建筑与装饰工程消耗量定额》(TY 01 – 31 – 2015)配套使用。本定额仅包括符合装配式建筑项目特征的相关定额项目,对装配式建筑中采用传统施工工艺的项目,应根据本定额有关说明按《房屋建筑与装饰工程消耗量定额》(TY 01 – 31 – 2015)的相应项目及规定执行。

5.1.5　编制依据

本定额是按现行的装配式建筑工程施工验收规范、质量评定标准和安全操作规程,根据正常的施工条件和合理的劳动组织与工期安排,结合国内大多数施工企业现阶段采用的施工方法、机械化程度进行编制的。

5.1.6　有关人工的说明及规定

(1)本定额的人工以合计工日表示,并分别列出普工、一般技工和高级技工的工日消耗量。

(2)本定额的人工包括基本用工、超运距用工、辅助用工和人工幅度差。

(3)本定额的人工每工日按 8 小时工作制计算。

5.1.7　有关材料的说明及规定

(1)本定额采用的材料(包括构配件、零件、半成品、成品)均为符合国家质量标准和相应设计要求的合格产品。

(2)本定额中的材料包括施工中消耗的主要材料、辅助材料、周转材料和其他材料。

(3)本定额中材料消耗量包括净用量和损耗量。损耗量包括:从工地仓库、现场集中堆放地点(或现场加工地点)至操作(或安装)地点的施工场内运输损耗、施工操作损耗、施工现场堆放损耗等,规范(设计文件)规定的预留量、搭接量不在损耗中考虑。

(4)本定额中各类预制构配件均按成品构件现场安装进行编制。

(5)本定额中所使用的砂浆均按干混预拌砂浆编制,实际使用现拌砂浆或湿拌预拌砂浆时,按以下方法调整:

①使用现拌砂浆的,除将定额中的干混预拌砂浆调整为现拌砂浆外,每立方米砂浆增加一般技工 0.382 工日,同时将原定额中干混砂浆罐式搅拌机调整为 200 L 灰浆搅拌机,台班含量不变。

②使用湿拌预拌砂浆的,除将定额中的干混预拌砂浆调整为湿拌预拌砂浆外,另按相应定额中每立方米砂浆扣除一般技工0.2工日,并扣除干混砂浆罐式搅拌机台班数量。

(6)本定额的周转材料按摊销量进行编制,已包括回库维修的耗量。

(7)对于用量少、低值易耗的零星材料,列为其他材料。

5.1.8　有关机械的说明及规定

(1)本定额中的机械按常用机械、合理机械配备和施工企业的机械化装备程度,并结合工程实际综合确定。

(2)本定额的机械台班消耗量是按正常机械施工工效并考虑机械幅度差综合确定的,每台班按8小时工作制计算。

(3)凡单位价值2 000元以内、使用年限在一年以内的不构成固定资产的施工机械,不列入机械台班消耗量,作为工具用具在建筑安装工程费中的企业管理费考虑,其消耗的燃料动力等已列入材料内。

5.1.9　有关吊装机械说明

装配式混凝土结构、装配式住宅钢结构的预制构件安装定额中,未考虑吊装机械,其费用已包括在措施项目的垂直运输费中。

5.1.10　有前措施项目的规定

除本定额另有说明外,装配式建筑的措施项目应按《房屋建筑与装饰工程消耗量定额》(TY 01 – 31 – 2015)的有关规定计算,其中:

(1)装配式混凝土结构工程的综合脚手架按《房屋建筑与装饰工程消耗量定额》(TY 01 – 31 – 2015)第十七章"措施项目"相应项目乘以系数0.85计算;建筑物超高增加费按《房屋建筑与装饰工程消耗量定额》第十七章"措施项目"相应项目计算,其中人工消耗量乘以系数0.7。

(2)装配式钢结构工程的综合脚手架、垂直运输按本定额第五章"措施项目"的相应项目及规定执行;建筑物超高增加费按《房屋建筑与装饰工程消耗量定额》(TY 01 – 31 – 2015)第十七章"措施项目"相应项目计算,其中人工消耗量乘以系数0.7。

(3)装配式木结构工程的综合脚手架按《房屋建筑与装饰工程消耗量定额》(TY 01 – 31 – 2015)第十七章"措施项目"相应项目乘以系数0.85,垂直运输费乘以系数0.6。

5.1.11　其他

本定额的工作内容已说明了主要的施工工序,次要工序虽未一一列出,但均已包括在内。

5.2　《装配式建筑工程消耗量定额》章节说明

5.2.1　装配式混凝土结构工程

本章包括预制混凝土构件安装和后浇混凝土浇捣两节,共51个定额子目。装配式混凝土结构工程,指预制混凝土构件通过可靠的连接方式装配而成的混凝土结构,包括装配整体式混凝土结构、全装配混凝土结构。

5.2.2　装配式钢结构工程

本章包括预制钢构件安装和维护体系安装两节,共65个定额子目。

5.2.3 装配式木结构工程

本章包括预制木构件安装和维护体系安装两节,共31个定额子目。装配式木结构工程,指预制木构件通过可靠的连接方式装配而成的木结构,包括装配式轻型木结构和装配式框架木结构。

5.2.4 建筑构件及部品工程

本章包括单元式幕墙安装、非承重隔墙安装、预制烟道及通风道安装、预制产品护栏安装和装饰成品部件安装五节,共47个定额子目。

5.2.5 措施项目

本章包括工具式模板、脚手架工程、垂直运输三节,共42个定额子目。

5.2.6 附录

附录为装配式建筑工程投资估算指标(参考)。

第6节 河南省现行装配式建筑工程定额

6.1 河南省房屋建筑与装饰工程预算定额

6.1.1 河南省房屋建筑与装饰工程预算定额概述

为了贯彻落实《住房城乡建设部关于进一步推进工程造价管理改革的指导意见》(建标〔2014〕142号),《房屋建筑与装饰工程消耗量定额》《通用安装工程消耗量定额》《市政工程消耗量定额》《建设工程施工机械台班费用编制规则》《建设工程施工仪器仪表台班费用编制规则》的通知(建标〔2015〕34号)(这五项定额简称为国家消耗量定额)和《建设工程工程量清单计价规范》(GB 50500—2013)等有关工程计价相关规定,满足河南省工程建设发展需要,不断适应河南省城市建设发展和工程计价的需要,促进河南省工程造价管理改革工作,在深入调研的基础上结合河南省建筑市场实际情况,河南省建筑工程标准定额站编制了《河南省房屋建筑与装饰工程预算定额(HA 01 - 31 - 2016)、《河南省通用安装工程预算定额》(HA 02 - 31 - 2016)、《河南省市政工程预算定额》(HA 03 - 31 - 2016)(这三项定额简称为2016定额)。

6.1.1.1 指导思想

贯彻落实住房和城乡建设部《关于印发〈房屋建筑与装饰工程消耗量定额〉〈通用安装工程消耗量定额〉〈市政工程消耗量定额〉〈建设工程施工机械台班费用编制规则〉〈建设工程施工仪器仪表台班费用编制规则〉的通知》(建标〔2015〕34号)、《建设工程工程量清单计价规范》(GB 50500—2013)和《市政工程工程量计算规范》等工程量计算规范、《建筑安装工程费用项目组成》(建标〔2013〕44号)、《建筑工程施工发包与承包计价管理办法》(建设部令第16号),配合建筑业营业税改增值税的税制改革,完善和改进河南省工程计价体系,更好地为政府投资服务,为建设各方主体服务,更好地引导建筑市场工程计价方式规范标准化、要素价格市场化。

6.1.1.2 编制原则

(1)符合国家和河南省现行标准规范要求。

(2)以2015年实施的国家消耗量定额为基础,与国家工程量计算规范的章、节顺序及项目名称、计量单位、工程量计算规则等相衔接。

（3）项目划分反映新技术、新工艺、新材料、新设备变化,删除技术淘汰项目,调整不合理项目。

（4）反映工程技术建设市场实际,体现正常施工技术条件、多数企业装备水平、合理施工工艺和劳动组织条件下的社会平均消耗量水平。

（5）表现形式简明实用,方便操作。

（6）注重适用性、实用性、可操作性,文字表述简洁明了,注重与工程计价有关规范、规则以及相关方法的衔接。

6.1.2　编制内容及编制依据

6.1.2.1　编制内容

2016 定额包括《河南省房屋建筑与装饰工程预算定额》(HA 01 - 31 - 2016)、《河南省通用安装工程预算定额》(HA 02 - 31 - 2016)、《河南省市政工程预算定额》(HA 03 - 31 - 2016)三个专业。

6.1.2.2　编制依据

（1）《住房城乡建设部关于进一步推进工程造价管理改革的指导意见》(建标〔2014〕142 号)。

（2）《房屋建筑与装饰工程消耗量定额》《通用安装工程消耗量定额》《市政工程消耗量定额》《建设工程施工机械台班费用编制规则》《建设工程施工仪器仪表台班费用编制规则》(建标〔2015〕34 号)。

（3）《建设工程工程量清单计价规范》(GB 50500—2013)及《房屋建筑与装饰工程工程量计算规范》(GB 50854—2013)等工程量计算规范。

（4）《建筑安装工程费用项目组成》(建标〔2013〕44 号)。

（5）《关于做好建筑业营改增建设工程计价依据调整准备工作的通知》(建办标〔2016〕4 号)。

（6）财政部、国家税务总局《关于全面推开营业税改征增值税试点的通知》(财税〔2016〕36 号)。

（7）《建筑工程施工发包与承包计价管理办法》(建设部令第 16 号)。

（8）《建筑工程建筑面积计算规范》(GB/T 50353—2013)。

（9）实例工程。

（10）与建设项目有关的国家现行施工及验收规范、技术标准资料。

（11）新技术、新工艺、新材料及河南省 2008 计价定额等。

6.1.3　适用范围和功能作用

6.1.3.1　适用范围

2016 定额的适用范围是河南省行政区域内的新建、扩建、改建的房屋建筑与装饰工程、安装工程、市政基础设施工程。

6.1.3.2　功能作用

2016 定额的功能作用是编审投资估算指标、设计概算、施工图预算、招标控制价的依据;是建设工程实行工程量清单招标的工程造价计价基础;是编制企业定额、考核工程成本、进行投标报价、选择经济合理的设计与施工方案的参考。

6.1.4 表现形式

（1）2016 定额表现形式是量、价、费合一，既保留河南省现行计价定额中好的做法，又贯彻落实了《住房城乡建设部关于进一步推进工程造价管理改革的指导意见》中"进一步推进全费用单价改革和价格指数调价法"。

（2）满足工程量清单计价规范的基本规定和规则要求，定额子目编码相对独立设置，各专业之间编码规则统一。

（3）各专业定额之间定额章节的设置，应尽可能避免重复，确保定额间"同工同酬"，保证水平合理、使用便利。

（4）定额由总说明、费用说明、专业说明、目录、册说明、章说明、章工程量计算规则等内容组成。计价办法、取费程序等计价规定在总说明中表现。

（5）定额是集消耗量、单价、基价、费用为一体的预算定额；定额子目基价中包括人工费、材料费、机械使用费、其他措施费、安全文明施工费、管理费、利润、规费共 8 项内容。

（6）施工措施项目费中可计量（单价类）的项目列出定额子目；将不能计量（费率类）的施工措施项目费列入基价，例如夜间施工增加费、二次搬运费、冬雨季施工增加费。

（7）将规费、安全文明施工费直接计入定额子目基价中。

6.1.5 编制过程

定额编制经过准备工作、编制初稿、定额初审、征求意见、审查、批准发布等阶段。

6.1.5.1 准备工作

（1）2015 年 8 月，成立 2016 定额编制领导小组、编制组，8 月 18 日召开启动大会。

（2）2015 年 9～11 月，编制组拟订工作大纲和编制方案，河南省建筑工程标准定额站积极推动并逐步实施，完成了编制经费筹措、办公场所确定、编制组人员与分工确定、申请国家数据库、软件支持企业的选择，以及编制依据、编制目的、编制原则的确定等主要工作。

（3）2015 年 12 月至 2016 年 1 月，编制组制订编制工作计划、收集实例工程、签订目标责任书。

6.1.5.2 编制初稿

2016 年 1 月至 2016 年 10 月 18 日，编制组根据工作计划和编制方案，经过确定架构、项目划分、子目设置、文字编写、会议论证、典型工程筛选、水平测算、校对等工作，形成定额初稿。

6.1.5.3 定额初审、征求意见

2016 年 10 月 19 日，河南省建筑工程标准定额站组织造价行业专家对定额初稿进行初审。与会专家一致认为，2016 定额编制依据充分，编制原则符合国家工程造价改革思路，定位正确，有利于市场的开放和公平竞争，能够满足河南省工程造价计价的需求，能起到合理确定和有效控制建设工程造价的作用；2016 定额架构设置符合国家现行计价规范、计算规范、消耗量定额的要求，项目划分合理，定额水平贴近工程实际；2016 定额经过工程实例测算，数据翔实可靠，较好地反映了市场的变化，水平基本合理。

6.1.5.4 审查

2016 年 10 月 20 日至 11 月 8 日，编制组根据定额初审意见和征求意见反馈，对定额初稿进行修改，形成报审稿。2016 年 11 月 10 日，河南省住房和城乡建设厅、河南省工程标准定额站组织有关单位专家代表对报审稿进行审查。

6.1.5.5 批准发布

经河南省住房和城乡建设厅批准,于 2016 年 11 月 29 日发布施行。

6.1.6 费用组成及水平测算情况

6.1.6.1 费用组成情况

1. 费用组成编制依据

2016 定额的费用组成以住房和城乡建设部和财政部《建筑安装工程费用项目组成》(建标〔2013〕44 号)、财政部和国家税务总局《关于全面推开营业税改征增值税试点的通知》(财税〔2016〕36 号)为依据,结合河南省工程计价有关文件编制。

2. 费用组成变化情况

根据有关文件及河南省实际情况,费用组成变化情况如下:

(1)根据财税〔2016〕36 号及增值税一般计税方法原理,2016 定额基价各项费用均不包含可抵扣进项税额。

(2)根据《住房和城乡建设部标准定额研究所关于印发研究落实"营改增"具体措施研讨会会议纪要的通知》(建标造〔2016〕49 号)精神,将建设工程项目附加税费纳入企业管理费项。

(3)根据河南省住房和城乡建设厅《关于调增房屋建筑和市政基础设施工程施工现场扬尘污染防治费的通知(试行)》(豫建设标〔2016〕47 号),将扬尘污染防治增加费纳入安全文明施工费。

3. 具体内容

费用组成及工程造价计价程序表具体内容见各定额说明。

6.1.6.2 水平测算情况

1. 模型工程筛选情况

共收集实例工程 579 个,经过多次筛选,最终选择建筑装饰工程 19 个,安装工程 20 个,市政工程 23 个。涉及住宅、办公楼、病房楼、厂房、强弱电、通风空调、防排烟、给排水、消防、道路、桥梁、管网、路灯等诸多专业。

2. 人工消耗量及人工费变化情况

2016 定额根据国家消耗量定额编制,人工消耗量水平相比《河南省建设工程工程量清单综合单价(2008)》(建筑工程)(简称《2008 综合单价》)大幅度下降。

根据模型工程测算,建筑装饰工程综合工日人工消耗量相比《2008 综合单价》下降22.8%,安装工程综合工日人工消耗量下降 21.19%,市政工程综合工日人工消耗量下降38.95%。

2016 定额人工单价普工为 87.1 元/工日,一般技工为 134 元/工日,高级技工为 201元/工日;《2008 综合单价》按目前人工单价 75 元/工日计价,2016 定额建筑装饰工程基价人工费提高 37.42%,安装工程基价人工费提高 40.02%,市政工程基价人工费下降 3.04%。

3. 机械费变化情况

2016 定额机械台班根据《建设工程施工机械台班费用编制规则(2015)》《建设工程施工仪器仪表台班费用编制规则(2015)》增值税版编制,机械台班人工单价按 134 元/工日计价,建筑装饰机械费相比《2008 综合单价》机械费下降 20.96%,安装机械费下降 30.23%,市政机械费下降 21.32%。

4. 管理费、安全文明施工费、其他措施费、利润、规费等费用情况

2016 定额各专业管理费、安全文明施工费、其他措施费、利润、规费等费用均基本保持《2008 综合单价》水平。市政工程其他措施费为《2008 综合单价》的 2.01 倍。

5. 总体水平情况（各专业材料费不含未计价材料）

（1）建筑装饰工程：人工费调整到《2008 综合单价》目前 75 元/工日人工费水平,建筑装饰工程含税工程造价上涨 1.25%。

（2）安装工程：人工费调整到《2008 综合单价》目前 75 元/工日人工费水平,安装工程含税工程造价下降 3.40%。

（3）市政工程：人工费调整到《2008 综合单价》目前 75 元/工日人工费水平,市政工程含税工程造价下降 2.28%。

6. 其他

本定额人工费基期价比《2008 综合单价》有大幅度提高,后期实行动态管理和调整,最终接近市场价。

7. 水平原因分析

人工消耗量降幅较大（建筑降低 23%、安装降低 21%、市政降低 39%）。由于 2016 定额人工消耗量降低,提高了工日单价。按规定要求,定额人工单价应与当地最低工资标准对接,普工、技工、高级工的工资标准分别要达到最低工资的 1.3 倍、2 倍、3 倍（测算后设定工日单价:87.1 元/工日、134 元/工日、201 元/工日）。按降低量提高价改革思路,由于量、价变化幅度的不同,会造成专业之间存在不平衡现象。

机械费降幅较大（建筑降低 21%、安装降低 30%、市政降低 21%）。有机械消耗量变化和机械配置发生变化等原因。

总之,本定额基价相对较高,但是按动态管理原则,经后期调整,最终仍可接近市场价。

6.1.6.3 费用组成说明及工程造价计价程序表

详见各专业定额。

6.1.7 总说明中的要点

（1）贯彻了财政部、国税总局、住建部的有关规定,明确了费用项目组成和基价编制原则。

本定额工程造价计价程序表中规定的费用项目包括分部分项工程费、措施项目费、其他项目费、规费、税金。本定额基价各项费用按照增值税原理编制,适用一般计税方法,各项费用均不含可抵扣增值税进项税额。

（2）突出"市场定价"原则。

本定额基价是定额编制基期暂定价,按市场最终定价原则,基价中涉及的有关费用按动态原则调整。

（3）明确对人、材、机、管理费进行"动态管理"的指导思想。

①人工费。本定额基价中的人工费是根据国家消耗量定额与有关规定,经测算的基期人工费。基期人工费在本定额实施期,由工程造价管理机构结合建筑市场情况,定期发布相应的价格调整指数。

②材料费。本定额基价中的材料费是根据国家消耗量定额与本定额基价的材料单价计算的基期材料费,在工程造价的不同阶段（招标、投标、结算）,材料价格可按约定调整。

本定额基价中的材料单价是结合市场、信息价综合取定的基期价。该材料价格为材料送达工地仓库(或现场堆放地点)的工地出库价格,包含运输损耗、运杂费和采购保管费。

本定额除了以"%""元"表示的其他材料,所有以消耗量表示的材料,均可按市场价格调整与定额取定价的差异。

③机械使用费。本定额基价中的机械使用费是根据《消耗量定额》与相关规则计算的基期机械使用费,是按自有机械进行编制的。机械使用费可选下列一种方法调整:一是按本定额机械台班中的组成人工费、燃料动力费进行动态调整;二是按造价管理机构发布的租赁信息价直接与本定额基价中的台班单价调整。

④本定额基价中的管理费为基期费用,按照相关规定实行动态调整。

(4)明确了"其他措施费"的内容及权重。

其他措施费(费率类)包含材料二次搬运费、夜间施工增加费、冬雨季施工增加费。

其他措施费(费率类)的权重,详见各专业定额"费用组成说明及工程造价计价程序表"。

(5)明确了不可竞争费的内容和计价原则。

本定额基价中的安全文明施工费、规费为不可竞争费,按足额计取。

安全文明施工费包括环境保护费、文明施工费、安全施工费、临时设施费、扬尘污染防治增加费。

规费包括养老保险费、失业保险费、医疗保险费、生育保险费、工伤保险费、住房公积金。

(6)明确了"总承包服务费"和"施工配合费"计取的有关规定。

①实行总发包、承包的工程,可另外计取总承包服务费。

②业主单独发包的专业施工与主体施工交叉进行或虽未交叉进行,但业主要求主体承包单位实行总包责任(现场协调、竣工验收资料整理等)的工程,可另外计取总承包服务费。

③总承包服务费由业主承担。其计费标准可约定,或按单独发包专业工程含税工程造价的 1.5%(不含工程设备)计价。服务内容:配合协调发包人进行的专业工程发包,对发包人自行采购的材料、工程设备等进行保管,以及进行施工现场管理、竣工验收资料整理等。

④施工配合费是指专业分包单位要求总承包单位为其提供脚手架、垂直运输和水电设施等所发生的费用。发生时,当事方可约定计费标准,或按专业分包工程含税工程造价的 1.5% ~ 3.5%计价(不含工程设备)。

6.2　河南省预制装配式混凝土结构建筑工程补充定额

为加快推进河南省建筑产业现代化发展,完善建筑产业现代化计价需要,河南省建筑工程标准定额站于 2016 年 5 月颁布了《河南省预制装配式混凝土结构建筑工程补充定额》,本定额与《河南省建设工程工程量清单综合单价(2008)》(建筑工程)配合使用。

本定额包括工程量清单及定额两部分,其中清单项目 15 个、定额子目 25 个。

6.2.1　定额清单项目

(1)预制装配式混凝土墙板、叠合板、其他构件(Y010518)。其中,包括保温混凝土外墙、保温填充外墙、混凝土内(外)墙、填充内(外)墙、叠合板、飘窗板、空调板、其他构件(飘窗侧装饰板、飘窗侧 U 形装饰板)。

(2)预制装配式混凝土楼梯(Y010519)。

（3）预制装配式构件后浇混凝土（Y010520）。其中包括：墙与墙（柱）竖向连接、楼梯梁、叠合板与墙水平连接、叠合板上二次浇筑、叠合板与叠合板连接、导管注浆。

6.2.2　定额子目

6.2.2.1　预制构件安装

定额子目包括外墙板、内墙板、叠合板、其他构件（飘窗板、空调板）、楼梯段、导管注浆、外墙嵌缝打胶。

6.2.2.2　预制构件工厂化制作

定额子目包括墙（墙厚 200 mm 以内 + 50 mm 保温板 + 50 mm 保护层、墙厚 300 mm 以内 + 50 mm 保温板 + 50 mm 保护层、墙厚 200 mm 以内混凝土墙、墙厚 300 mm 以内混凝土墙、墙厚 100 mm 以内填充墙、墙厚 200 mm 以内填充墙、墙厚 300 mm 以内填充墙）、叠合板、楼梯段、飘窗板、空调板、其他构件。

6.2.2.3　预制构件运输

定额子目包括运距 40 km 以内、每增减 1 km。

6.2.3　定额概述

6.2.3.1　预制构件安装

（1）构件安装不分外形尺寸，截面类型及是否带有保温除另有规定者外，均按构件种类套用相应定额。

（2）构件安装定额已包括构件固定所需临时支撑的搭设及拆除，支撑（包括墙支撑、叠合板支撑、楼梯支撑、支撑预埋铁件及临时焊接铁件）种类、数量及搭设方式是综合考虑的，实际不同时不予调整。

（3）本定额构件连接是按环筋扣合锚接方式考虑的，如采用套筒灌浆等其他方式连接，应另行编制补充子目。

（4）实心墙板安装定额按安装部位以内外墙划分，不分剪力墙、非剪力墙及是否带有保温或门窗洞口，均按相应定额执行，定额中已包含内墙板之间的缝隙嵌补；室内叠合板安装不分安装部位，均套用同一定额子目。

（5）楼梯平台板套用叠合板相应子目。若平台板和楼梯段整体预制时，执行楼梯段制作子目。

（6）飘窗板、空调板安装不分是整体板或叠合板，均套相应定额子目。依附于外墙整体制作的飘窗板，并入外墙板内计算。

（7）导管注浆按 ϕ 25 mm PVC 管、ϕ 8 mm@200 mm 的孔考虑。

（8）嵌缝、打胶定额中的注胶缝断面按 20 mm × 15 mm 编制，若注胶缝断面设计与定额不同，密封胶用量按比例调整，其余不变。定额中密封胶按硅酮耐候胶考虑，如设计采用的密封胶种类与定额不同，可换算。

6.2.3.2　后浇筑钢筋混凝土工程

本定额未列项的现场浇筑钢筋混凝土子目，应按《2008 综合单价》相应子目计算，并做如下调整：

（1）钢筋工程相应子目，其人工、机械乘以系数 1.5，其他混凝土工程相应子目，其人工、机械乘以系数 1.2，其他不变。

（2）板与墙水平连接，执行现浇圈梁相应子目。

(3)墙与墙竖向连接,执行现浇矩形柱相应子目。

(4)叠合板之间连接,执行平板相应子目。

(5)叠合板上面后浇筑混凝土,执行现浇平板相应子目,模板不再计算。

(6)空调板上面后浇筑混凝土,执行现浇零星构件相应子目,人工、机械乘以系数1.5,模板定额子目乘以系数1.5。

(7)现浇楼梯梁、平台板后浇筑混凝土部分执行现浇梁、平板相应子目,模板定额子目乘以系数1.3。

6.2.3.3 预制构件制作及运输

(1)构件制作定额未包括外墙饰面、水电安装预埋的配管、套管及线盒、线箱等内容,如设计有要求,应按《2008综合单价》有关规定计算。保温层、保护层、填充墙砂浆及必要的吊件、连接件、措施性预埋件已含在构件制作定额内,不得另计。

(2)构件制作是按商品混凝土到达制作现场考虑的。制作定额的人工消耗量按工厂车间生产工人的人工用量进行编制。构件制作定额的机械费是综合考虑的,包括构件生产所需的各类起重、混凝土浇捣、钢筋加工和厂内小型运输机械等所有机械。厂房摊销费用已综合考虑在构件制作中。

(3)构件制作按构件种类不同分别套用相应定额,其中:①墙板不分内、外墙及是否带有门窗洞口,均执行墙相应子目;②其他构件定额适用于未列项目的小型构件。

(4)预制构件模板是按专用钢模板(侧模)编制的,定额中已包括构件制作所需钢模台、磁盒等的摊销,实际模板的种类、型号、用量不同不予调整。

(5)构件制作中已综合考虑了各类吊装、支撑所需措施性预埋件,不另单独计算。

(6)构件运输不分构件种类、构件单件体积或单件面积及长度,统一执行构件运输定额。构件运输基本运距为40 km,实际运距不同时,按每增(减)1 km调整。当运距大于60 km时,按交通运输部门的规定或市场运价计算,不再执行构件运输定额子目。

运输定额中包括了预制构件的装卸、运输及摊销费用。运输过程中,如遇路桥限载(限高)而发生的加固、拓宽的费用及有电车线路和公安交通管理部门的保安护送费用,应另行计算。

(7)本定额中的钢筋混凝土预制构件是按蒸汽养护考虑的。

(8)施工技术措施费。垂直运输、脚手架等施工技术措施费仍按《2008综合单价》有关规定执行。

(9)设计图纸不能满足施工要求时,可计算深化设计费用。

(10)施工现场堆放预制构件所需的架体费,发生时按制作分部分项工程相应子目的0.15计算。

6.2.4 定额工程量计算规则

6.2.4.1 预制构件安装

(1)构件安装工程量按设计图示尺寸以体积计算,依附于构件制作的各类保温层、保护层体积并入相应的构件安装体积中。不扣除混凝土构件内的钢筋、预埋铁件、配管、套管、线盒及单个面积在300 mm×300 mm以内的孔洞所占体积。

(2)导管注浆子目,实际发生时按延长米计算。

(3)外墙嵌缝工程量按嵌缝长度以延长米计算。

6.2.4.2 预制构件制作

预制构件制作工程量按设计图示尺寸以体积计算,另增加 1% 的安装损耗,不扣除混凝土构件内的钢筋、预埋铁件、配管、套管、线盒及单个面积在 300 mm × 300 mm 以内的孔洞所占体积。当构件内需与保温层、保护层整体制作时,还应另增加保温层、保护层的体积。

6.2.4.3 预制构件运输

预制构件运输工程量按构件制作工程量计算。

习 题

1. 装配式建筑工程计价依据是如何分类的? 有哪些类型?

2. 装配式建筑预算定额的作用有哪些?

3. 装配式建筑概算定额的编制对象及用途是什么?

4. 河南省预制装配式混凝土结构建筑工程补充定额,按构件部位的不同是如何分类的?

5. 装配式混凝土住宅工程投资估算指标是如何分类的?

6. 什么是工程造价指数? 它是如何分类的?

第3章 工程量清单计价

第1节 工程量清单编制

1.1 工程量清单概述

我国加入 WTO 后,将工程量清单引入我国建筑交易市场,即当工程项目进入实施阶段时,由招标人按照发包方的工作范围、工程内容、施工图纸等根据建设主管部门统一发布的《建筑工程工程量清单计价规范》(GB 50500—2013)(简称《计价规范》)编制工程量清单,作为交易双方招标投标、签订合同、中间结算、竣工验收的重要依据。工程量清单(Bill Of Quantity,简称 BOQ),英文原意为产品的订单,指表现拟建建筑安装工程项目的分部分项工程项目、措施项目、其他项目、规费项目、税金项目名称及相应数量的明细标准表格。国家出台的《计价规范》解决了建筑产品分项工程名称、工作内容的口径标准统一问题。从 2003 年开始,《计价规范》按照建筑市场产品交易的情况不断结合市场情况进行修订改版,2013 年出台的《计价规范》(GB 50500—2013)中以规定的统一项目编码、项目名称、计量单位及工程量计算规则进行编制,作为编制工程造价的核心依据。为简化建筑产品工程量的计算,清单中对各分项工程的计算基本以施工图所示内容作为计算依据。由于工程量清单是列明"买方(发包人)"所需购买"建筑产品(分项工程)"的样式与数量的"订单",因此清单中分项工程的工程量计算规则一般不考虑制作过程中涉及的损耗、辅助工艺等,仅规范拟需或实际完成的"建筑产品"工程量计算规则和该项建筑产品的工程内容、产品特征、产品名称等。按照我国建筑产品交易的规则与体制,清单子项对应的单价类别为综合单价,包括人工费用、材料费用、施工机械使用费用、管理费用、利润、一定范围内的风险费用等六项内容。工程量清单作为招标文件的组成部分,一个最基本的功能是作为信息的载体,以便投标人能对工程有全面充分的了解。从这个意义上讲,工程量清单的内容应全面、准确。

随着装配式建筑工业化的发展,装配式构件产品种类逐渐从标准化向个性化转变,全国各地区在《计价规范》(GB 50500—2013)中预制混凝土构件计价规范的基础上,不断根据建筑市场实际情况,增加与修订了装配构件补充内容。

根据我国工程计价依据的编制和管理权限的规定,目前我国已经形成由法律法规和国家、各省(自治区、直辖市)和国务院有关建设部门的规章、相关政策文件,以及标准、定额等相互支撑、互为补充的工程计价依据体系。其中,在国有投资或国有资金参与的项目,施工服务交易需以工程量清单格式及相关规范为唯一计价体系,即在工程招标投标、签订工程合同、工程结算等均需以工程量清单作为计价核心依据。工程量清单为建设市场的交易双方提供了一个平等的平台,其内容和编制原则的确定是整个计价方式改革中的重要工作。

1.1.1 工程量清单定义

工程量清单是表现拟建工程的分部分项工程项目、措施项目、其他项目名称和相应数量的明细清单。是按照招标要求和施工设计图纸要求规定将拟建招标工程的全部项目和内容,依据统一的工程量计算规则、统一的工程量清单项目编制规则要求,计算拟建招标工程的分部分项工程数量的表格。

工程量清单是招标文件的组成部分,是由招标人发出的一套注有拟建工程各实物工程名称、性质、特征、单位、数量及开办项目、税费等相关表格组成的文件。在理解工程量清单的概念时,首先应注意到,工程量清单是一份由招标人提供的文件,编制人是招标人或其委托的工程造价咨询单位。其次,从性质上说,工程量清单是招标文件的组成部分,一经中标且签订合同,即成为合同的组成部分。因此,无论招标人还是投标人,都应该慎重对待。再次,工程量清单的描述对象是拟建工程,其内容涉及清单项目的性质、数量等,并以表格为主要表现形式。装配式建筑相关规范与专用定额还在修订中。

1.1.2 工程量清单的内容

以住房和城乡建设部颁发的《房屋建筑和市政基础设施工程招标文件范本》为例,工程量清单主要包括工程量清单说明和工程量清单表两部分。

(1)工程量清单说明。工程量清单说明主要是招标人解释拟招标工程的工程量清单的编制依据,明确清单中的工程量是招标人估算得出的,仅作为投标报价的基础,结算时的工程量应以招标人或由其授权委托的监理工程师核准的实际完成量为依据,提示投标申请人重视清单,以及如何使用清单。

(2)工程量清单表。工程量清单表作为清单项目和工程数量的载体,是工程量清单的重要组成部分,见表3-1。

表 3-1 工程量清单表

(招标工程项目名称)工程 共 × 页第 × 页

序号	项目编码	项目名称	项目特征描述	计量单位	工程量
1		(分部工程名称)			
2		(分项工程名称)			
3		(分部工程名称)			
4		(分项工程名称)			
5					

合理的清单项目设置和准确的工程数量,是清单计价的前提和基础。对于招标人来讲,工程量清单是进行投资控制的前提和基础,工程量清单表编制的质量直接关系和影响到工程建设的最终结果。

1.1.3　工程量清单编制标准

工程量清单是招标文件、合同签订、工程结算的重要组成部分,主要由分部分项工程量清单、措施项目清单和其他项目清单等组成,是编制标底和投标报价的依据,是签订工程合同、调整工程量和办理竣工结算的基础。

工程量清单由有编制招标文件能力的招标人或受其委托具有相应资质的工程造价咨询机构、招标代理机构依据有关计价办法、招标文件的有关要求、设计文件和施工现场实际情况进行编制。

工程量清单的项目设置规则是为了统一工程量清单项目名称、项目编码、计量单位和工程量计算而制定的,是编制工程量清单的依据。在《计价规范》中,对工程量清单项目的设置做了明确的规定。

1.1.3.1　项目编码

项目编码以五级编码设置,用 12 位阿拉伯数字表示。一、二、三、四级编码统一;第五级编码由工程量清单编制人区分具体工程的清单项目特征而分别编码。各级编码代表的含义如下:

(1)第一级表示分类码(分二位)。

(2)第二级表示章顺序码(分二位)。

(3)第三级表示节顺序码(分二位)。

(4)第四级表示清单项目名称码(分三位)。

(5)第五级表示具体清单项目编码(分三位)。

工程量清单项目编码结构如图 3-1 所示(以房屋建筑与装饰工程为例)。

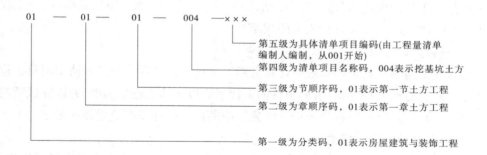

图 3-1　工程量清单项目编码结构

1.1.3.2　项目名称

项目名称原则上以形成工程实体而命名。项目名称如有缺项,招标人可按相应的原则进行补充,并报当地工程造价管理部门备案。

1.1.3.3　项目特征

项目特征是对项目的准确描述,是影响价格的因素,是设置具体清单项目的依据。项目特征按不同的工程部位、施工工艺或材料品种、规格等分别列项。凡项目特征中未描述到的其他独有特征,由清单编制人视项目具体情况确定,以准确描述清单项目为准。

1.1.3.4 计量单位

计量单位应采用基本单位,除各专业另有特殊规定外,均按以下单位计量:

(1)以质量计算的项目——吨或千克(t 或 kg)。

(2)以体积计算的项目——立方米(m^3)。

(3)以面积计算的项目——平方米(m^2)。

(4)以长度计算的项目——米(m)。

(5)以自然计量单位计算的项目——个、套、块、樘、组、台等。

(6)没有具体数量的项目——系统、项等。

各专业有特殊计量单位的,另外加以说明。

1.1.3.5 工程内容

工程内容是指完成该清单项目可能发生的具体工程,可供招标人确定清单项目和投标人投标报价参考。以建筑工程的砖墙为例,可能发生的具体工程有搭拆内墙脚手架、运输、砌砖、勾缝等。

凡工程内容中未列全的其他具体工程,由投标人按招标文件或图纸要求编制,以完成清单项目为准,综合考虑到报价中。

1.1.4 工程量清单的编制原则

工程量清单是招标文件的重要组成部分。工程量清单应包括由承包人完成工程施工的全部项目,需用工程量和文字清楚地表示。工程量清单发出后,若发现清单的工程量与施工设计图纸不一致,可通过招标补充通知或招标答疑会议纪要予以更正。

工程量清单编制应遵循"四统一"原则,即统一项目编码、统一项目名称、统一工程量计算规则、统一计量单位(要按计价规范的规定)。

1.1.5 工程量的计算原则

工程量主要通过工程量计算规则计算得到。工程量计算规则是指对清单项目工程量的计算规定。除另有说明外,所有清单项目的工程量应以实体工程量为准,并以完成后的净值计算;投标人投标报价时,应在单价中考虑施工中的各种损耗和需要增加的工程量。

1.1.6 工程量清单的标准格式

工程量清单应采用统一的标准格式,一般应由下列内容组成:单位工程工程量清单、分部分项工程量清单、措施项目清单、其他项目清单。其中,单位工程工程量清单,规范仅给出单位工程工程量清单扉页,工程量清单计价表(编制工程量清单时,价格一栏不应填写,应由计价人员填写)、措施清单计价表(价格一栏空白)、其他项目清单。标准格式如下:

(1)招标工程量清单扉页见图 3-2。

(2)分部分项工程量清单与计价表见表 3-2。

_____工程

工 程 量 清 单

工 程 造 价
招　标　人：_____　　咨　询　人：_____
　　　　　（单位盖章）　　　　　　　　　　　　（单位资质专用章）

法定代表人　　　　　　　　　　　　法定代表人
或其授权人：_____　　或其授权人：_____
　　　　　（签字或盖章）　　　　　　　　　　　（签字或盖章）

编　制　人：_____　　复　核　人：_____
　　　（造价人员签字盖专用章）　　　　　　（造价工程师签字盖专用章）

编制时间：　年　月　日　　　复核时间：　年　月　日

封－1

图 3-2　招标工程量清单扉页

表 3-2 分部分项工程量清单与计价表

工程名称：   标段：   第　页共　页

序号	项目编码	项目名称	项目特征描述	计量单位	工程量	金额（元）		
						综合单价	合价	其中
								暂估价
本页小计								
合计								

注：根据《建筑安装工程费用组成》（建标〔2003〕206 号）的规定，为计取规费等的使用，可在表中增设其中："直接费""人工费"或"人工费 + 机械费"。

（3）总价措施项目清单与计价表见表 3-3。

表 3-3 措施项目清单与计价表

工程名称：   标段：   第　页共　页

序号	项目编码	项目名称	计算基础	费率（%）	金额（元）
		安全文明施工费			
		夜间施工费			
		二次搬运费			
		冬雨季施工			
		大型机械设备进出场及安拆费			
		施工排水			
		施工降水			
		地上、地下设施、建筑物的临时保护设施			
		已完工程及设备保护			
		各专业工程的措施项目			
合计					

注：1. 本表适用于以"项"计价的措施项目；
　　2. 根据《建筑安装工程费用组成》（建标〔2003〕206 号）的规定，"计算基础"可为"直接费""人工费"或"人工费 + 机械费"。

（4）其他项目清单与计价表见表3-4。

表3-4 其他项目清单与计价汇总表

工程名称：　　　　　　　　　标段：　　　　　　　　　　　　第　页共　页

序号	项目名称	计算单位	金额(元)	备注
1	暂列金额	项		
2	暂估价			
2.1	材料(工程设备)暂估价		—	
2.2	专业工程暂估价			
3	计日工			
4	总承包服务费			
5				
	合计		—	

注：材料暂估单价进入清单项目综合单价，此处不汇总。

1.2　工程量清单的编制依据

建设工程工程量清单计价规范是根据《中华人民共和国建筑法》《中华人民共和国合同法》《中华人民共和国招标投标法》等法律及《最高人民法院关于审理建设工程施工合同纠纷案件适用法律问题的解释》（法释〔2004〕14号），按照我国工程造价管理改革的总体目标，本着国家宏观调控、市场竞争形成价格的原则制定的建筑安装工程计价类规范性文件。装配式建筑工程量清单的编制依据主要是国家建设主管部门发布的《工程量清单计价规范》和各省、各地区在此基础上发布的补充子目。河南省2008年由建设主管部门发布的《装配式工程补充定额》中，结合本省实际情况，补充相应子目。随着装配式构件建设技术的不断提高，越来越多的装配式构件应用到实体项目中，装配式工程相关定额也会不断地修订。本书仅以现在正在使用的装配式构件为要点，说明装配式分项工程构件的工程量清单编制依据的使用。

1.2.1　《计价规范》中预制混凝土构件种类及特征

《计价规范》中，关于预制混凝土构件种类及特征的定义有以下几种：

（1）预制混凝土柱（010509）。包括矩形柱（010509001）与异形柱（010509002）两个子目。计量单位为 m^3 或根。以 m^3 计量时，按设计图示尺寸以体积计算，不扣除构件内钢筋、预埋铁件所占体积；以根计量时，需按设计图示尺寸以数量计算。项目特征需列明图代号、单个构件体积、安装高度、混凝土强度等级及灌缝砂浆强度等级、配合比等。工作内容包括构件安装，砂浆制作、运输、接头灌缝、养护等。

（2）预制混凝土梁（010510）。包括矩形梁（010510001）、异形梁（010510002）、过梁（010510003）、拱形梁（010510004）、鱼腹式吊车梁（010510005）、风道梁（010510006）六个子

目。计量单位为 m³ 或根。以 m³ 计量时,按设计图示尺寸以体积计算,不扣除构件内钢筋、预埋铁件所占体积;以根计量时,需按设计图示尺寸以数量计算。项目特征需列明图代号、单个构件体积、安装高度、混凝土强度等级,以及灌缝砂浆强度等级、配合比等。工作内容包括构件安装,砂浆制作、运输,接头灌缝、养护等。

（3）预制钢筋混凝土屋架（010511）。一般用于大跨度钢筋混凝土结构,需将屋面荷载通过屋架形式传到两边的竖向承重结构上。由于构件形式为中间起拱,组成屋架的钢筋混凝土构件需承担拉力,所以屋架钢筋混凝土结构需使用预应力构件,常用的有折线型屋架（010511001）、组合屋架（010511002）、薄腹屋架（010511003）、门式刚架屋架（010511004）、天窗架（010511005）。计量单位为 m³ 或根。以 m³ 计量时,按设计图示尺寸以体积计算,不扣除构件内钢筋、预埋铁件所占体积;以根计量时,需按设计图示尺寸以数量计算。项目特征需列明图代号、单个构件体积、安装高度、混凝土强度等级,以及灌缝砂浆强度等级、配合比等。工作内容包括构件安装,砂浆制作、运输,接头灌缝、养护等。

（4）预制钢筋混凝土板（010512）。有平板（010512001）,空心板（010512002）,槽形板（010512003）,网架板（010512004）,折线板（010512005）,带肋板（010512006）,大型板（010512007）,沟盖板、井盖板、井圈（010512008）等八项子目。计量单位为 m³ 或块。以 m³ 计量时,按设计图示尺寸以体积计算,不扣除构件内钢筋、预埋铁件所占体积;以根计量时,需按设计图示尺寸以数量计算。项目特征需列明图代号、单个构件体积、安装高度、混凝土强度等级,以及灌缝砂浆强度等级、配合比等。工作内容包括构件安装,砂浆制作、运输,接头灌缝、养护等。清单描述预制钢筋混凝土板时若以块、套计量,必须描述单件体积。

不带肋的预制遮阳板、雨篷板、挑檐板、拦板等,应按平板项目编码列项。预制 F 形板、双 T 形板、单肋板和带反挑檐的雨篷板、挑檐板、遮阳板等,应按010512006 中带肋板项目编码列项;预制大型墙板、大型楼板、大型屋面板等,应按大型板项目编码列项。

（5）预制钢筋混凝土楼梯（010513）。计量单位为 m³ 或块。以 m³ 计量时,按设计图示尺寸以体积计算,不扣除构件内钢筋、预埋铁件所占体积,扣除空心踏步板空洞体积。以块计量时,按设计图示数量计算。项目特征需列明楼梯类型、单件体积、混凝土强度等级、砂浆强度等级。工作内容包括构件安装,砂浆制作、运输,接头灌缝、养护等。

（6）其他预制构件（010514）。包括垃圾道、通风道、烟道（010514001）,其他构件（010514002）,水磨石构件（010514003）。计量单位为 m³、m²、根或块。以 m³ 计量时,按设计图示尺寸以体积计算,不扣除构件内钢筋、预埋铁件及单个面积小于等于 300 mm × 300 mm 的孔洞所占体积,扣除烟道、垃圾道、通风道的孔洞所占体积。以 m² 计量时,按设计图示尺寸以面积计算,不扣除构件内钢筋、预埋铁件及单个面积小于等于 300 mm × 300 mm 的孔洞所占面积。以根计量,按设计图示尺寸以数量计算。预制钢筋混凝土成品垃圾道、通风道、烟道项目特征需列明构件单件体积、混凝土强度等级、灌注砂浆强度等级。其他构件包括预制钢筋混凝土小型池槽、压顶、扶手、垫块、隔热板、花格等,项目特征中还需注明构件类型。水磨石构件是用砂浆加入小石子打磨的成品水磨石板,属于建筑构件,因此在项目特征中还需注明构件的用途、水磨石面层厚度、水泥石子浆配合比,以及石子品种、规格、颜色及酸洗、打蜡要求。

1.2.2 《河南省预制装配式混凝土结构建筑工程补充定额》中预制混凝土构件种类及特征

河南省建筑工程标准定额站于 2016 年 5 月颁布了《河南省预制装配式混凝土结构建筑工程补充定额》,本定额包括工程量清单及定额两部分,其中清单项目 15 个。

（1）预制装配式混凝土墙板、叠合板、其他构件（Y010518）（见表 3-5）。

其中包括:保温混凝土外墙、保温填充外墙、混凝土内（外）墙、填充内（外）墙、叠合板、飘窗板、空调板、其他构件（飘窗侧装饰板、飘窗侧 U 形装饰板）。

表 3-5　预制装配式混凝土墙板等分项工程说明

项目编码	项目名称	项目特征	计量单位	工程量计算规则	工作内容
Y010518001	保温混凝土外墙	1. 图代号 2. 单件体积 3. 墙厚度 4. 混凝土强度等级 5. 钢筋种类、规格及含量 6. 其他预埋要求 7. 保护层厚度、混凝土强度等级 8. 保护层钢筋网片种类、规格及含量 9. 保温层厚度、材料种类 10. 外墙嵌缝材料、种类 11. 安装高度	m³	按设计图示尺寸以体积计算,依附于构件制作的各类保温层、保护层体积并入相应的构件安装体积中计算。不扣除混凝土构件内的钢筋、预埋铁件、配管、套管、线盒及单个面积在 300 mm × 300 mm 以内的孔洞所占的体积	1. 制作 2. 运输 3. 安装 4. 嵌缝、打胶
Y010518002	保温填充外墙	1. 图代号 2. 单件体积 3. 墙厚度 4. 混凝土强度等级 5. 钢筋种类、规格及含量 6. 轻骨料混凝土种类 7. 其他预埋要求 8. 保护层厚度、混凝土强度等级 9. 保护层钢筋网片种类、规格及含量 10. 保温层厚度、材料种类 11. 外墙嵌缝材料、种类 12. 安装高度	m³		
Y010518003	混凝土内（外）墙	1. 图代号 2. 单件体积 3. 墙厚度 4. 混凝土强度等级 5. 钢筋种类、规格及含量 6. 其他预埋要求 7. 安装高度	m³		1. 制作 2. 运输 3. 安装

续表3-5

项目编码	项目名称	项目特征	计量单位	工程量计算规则	工作内容
Y010518004	填充内(外)墙	1. 图代号 2. 单件体积 3. 墙厚度 4. 混凝土强度等级 5. 钢筋种类、规格及含量 6. 轻骨料混凝土种类 7. 其他预埋要求 8. 外墙嵌缝材料、种类 9. 安装高度	m³	同上	1. 制作 2. 运输 3. 安装
Y010518005	叠合板	1. 图代号 2. 单件体积 3. 板厚度 4. 混凝土强度等级 5. 钢筋种类、规格及含量 6. 其他预埋要求 7. 安装高度	m³	按设计图示尺寸以体积计算，不扣除混凝土构件内的钢筋、预埋铁件、配管、套管、线盒及单个面积在300mm×300mm以内的孔洞所占的体积	1. 制作 2. 运输 3. 安装
Y010518006	飘窗板	1. 图代号 2. 单件体积 3. 板厚度 4. 混凝土强度等级 5. 钢筋种类、规格及含量 6. 其他预埋要求 7. 安装高度	m³	按设计图示尺寸以实际体积计算	1. 制作 2. 运输 3. 安装
Y010518007	空调板				
Y010518008	其他构件(飘窗侧装饰板、飘窗侧U形装饰板)				

注：钢筋工程按《房屋建筑与装饰工程工程量计算规范》(GB 50854—2013)E.15中相关规定编码列项。

（2）预制装配式混凝土楼梯（Y010519）（见表3-6）。

表3-6 预制装配式混凝土楼梯项目说明

项目编码	项目名称	项目特征	计量单位	工程量计算规则	工作内容
Y010519001	楼梯	1. 图代号或楼梯类型 2. 单件体积 3. 混凝土强度等级 4. 钢筋种类、规格及含量	m³	按设计图示尺寸以实际体积计算	1. 制作 2. 运输 3. 安装

注：钢筋工程按《房屋建筑与装饰工程工程量计算规范》(GB 50854—2013)E.15中相关规定编码列项。

（3）预制装配式构件后浇混凝土（Y010520）（见表3-7）。

表3-7 预制装配式构件后浇混凝土项目说明

项目编码	项目名称	项目特征	计量单位	工程量计算规则	工作内容
Y010520001	墙与墙（柱）竖向连接	1. 截面形状或尺寸 2. 混凝土强度等级	m³	按设计图示尺寸以体积计算	1. 模板及支架（撑）制作、安装、拆除、堆放、运输及清理模内杂物、刷隔离剂等； 2. 混凝土制作、运输、浇筑、振捣、养护等
Y010520002	楼梯梁	1. 截面形状或尺寸 2. 混凝土强度等级	m³	按设计图示尺寸以体积计算	
Y010520003	叠合板与墙水平连接	1. 截面形状或尺寸 2. 混凝土强度等级	m³	按设计图示尺寸以体积计算	
Y010520004	叠合板上二次浇筑	1. 现浇混凝土厚度 2. 混凝土强度等级	m³	按叠合板平面尺寸乘以浇筑厚度以体积计算	
Y010520005	叠合板与叠合板连接	1. 现浇混凝土厚度 2. 混凝土强度等级	m³	按设计叠合板之间平面尺寸乘以板厚以体积计算	
Y010520006	导管注浆	1. 导管材质、规格、型号 2. 注浆料种类	m	按墙板水平缝需注浆的长度计算	导管加工、敷设、注浆等全部过程

注：钢筋工程按《房屋建筑与装饰工程工程量计算规范》（GB 50854—2013）E.15中相关规定编码列项。

其中包括：墙与墙（柱）竖向连接、楼梯梁、叠合板与墙水平连接、叠合板上二次浇筑、叠合板与叠合板连接、导管注浆。

1.3 工程量清单的编制案例

某装配式房屋建筑工程，其中部分混凝土外墙和保温层统一按照施工图要求由装配式构件加工厂制作，按照施工图计算分项工程工程量结果如下：

（1）200 mm 厚 C30 保温混凝土外墙300 m³。

（2）250 mm 厚 C30 保温混凝土外墙300 m³。

（3）装配式 C30 混凝土楼梯80 m³。

建设方允许从加工厂购买的装配式构件总金额按实际价格调整计算，估计上述构件购买总金额为64万元。措施项目清单只含有安全文明施工费。按照上述要求编制工程量清单。

分析：根据上述情况，工程量清单编制含三部分，分别是分部分项工程量清单、措施项目清单和其他项目清单。其他项目清单指在应用时可以按合同实际调整的项目，本案例仅指从厂家购买的构件。

解:(1)装配式工程分部分项工程量清单,分项工程暂采用河南省装配式补充清单规范中的相关内容,其中价格一栏仅表示建设方要求计价时书写的格式,编制清单时,不需要计算。本案例分部分项工程量清单计价表见表3-8。

表3-8　分部分项工程量清单计价表

序号	清单编码	项目名称	项目特征	计量单位	工程数量	金额(元)		
						综合单价	合价	其中
								暂估价
1	Y010518001001	保温混凝土外墙	200 mm 厚,C30 混凝土	m²	300.00			
2	Y010518001002	保温混凝土外墙	250 mm 厚,C30 混凝土	m²	260.00			
3	Y010519001001	楼梯	C35 混凝土	m³	80.00			
		以下略						

(2)措施项目清单见表3-9。

表3-9　措施项目清单

序号	清单编码	项目名称	计算基础	费率	金额
1		安全文明施工费			

(3)其他项目费用见表3-10。

表3-10　其他项目费用

序号	项目名称	计量单位	金额(万元)	备注
1	装配式构件材料	m³	64	

第2节　工程量清单计价基本原理及程序

工程量清单计价相对于传统的定额计价方法是一种新的计价模式,是针对工程量清单设定的"建筑产品"的工作内容、项目特征、计量单位来计算其单价与合价的计价模式,依据定额或市场上相关产品的基准价格对清单产品进行计价。

2.1　工程量清单计价的基本原理

以招标人提供的工程量清单为平台,对清单中各项"建筑产品"进行计价,其中招标人依据定额与信息文件提供的基准价格按照清单各项基本工作内容及项目特征计算价格,投标人根据自身的技术、财务、管理能力进行价格细算。招标人根据具体的评标细则进行优选,这种计价方式是市场定价体系的具体表现形式。在市场经济比较发达的国家,工程量清单计价方法非常流行,随着我国建设市场的不断成熟和发展,工程量清单计价方法也必然会越来越成熟和规范。

2.1.1　工程量清单计价的基本方法与程序

工程量清单计价的基本过程可以描述为:在统一的工程量计算规则的基础上,制定工程量清单项目设置规则,根据具体工程的施工图纸计算出各个清单项目的工程量,再根据各种渠道所获得的工程造价信息和经验数据计算得到工程造价。这一基本计算过程如图 3-3 所示。

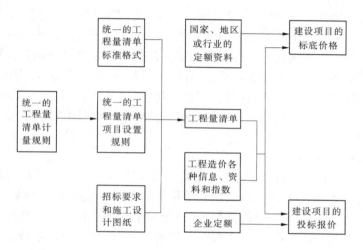

图 3-3　工程造价工程量清单计价过程示意图

从图 3-3 中可以看出,其编制过程可以分为两个阶段:工程量清单格式的编制和利用工程量清单来编制投标报价。投标报价是在业主提供的工程量计算结果的基础上,根据企业自身所掌握的各种信息、资料,结合企业定额编制得出的。

(1)分部分项工程费 = ∑分部分项工程量 × 分部分项工程单价。

其中,分部分项工程单价由人工费、材料费、机械费、管理费、利润等组成,并考虑风险费用。

(2)措施项目费 = ∑措施项目工程量 × 措施项目综合单价。

其中,措施项目包括通用项目、建筑工程措施项目、安装工程措施项目和市政工程措施项目;措施项目综合单价的构成与分部分项工程单价构成类似。

(3)单位工程报价 = 分部分项工程费 + 措施项目费 + 其他项目费 + 规费 + 税金。

(4)单项工程报价 = ∑单位工程报价。

(5)建设项目总报价 = ∑单项工程报价。

2.1.2　工程量清单计价的操作过程

就我国目前的实践而言,工程量清单计价作为一种市场价格的形成机制,其使用贯穿在工程施工阶段。本书工程量清单计价的操作过程仅从招标、投标、评标三个阶段来阐述。

2.1.2.1 工程招标阶段

招标单位在工程方案、初步设计或部分施工图设计完成后,即可委托标底编制单位(或招标代理单位)按照统一的工程量计算规则,再以单位工程为对象,计算并列出各分部分项工程的工程量清单(应附有关的施工内容说明),作为招标文件的组成部分发放给各投标单位。其工程量清单的粗细程度、准确程度取决于工程的设计深度及编制人员的技术水平和经验。在分部分项工程量清单中,项目编号、项目名称、计量单位和工程数量等项由招标单位根据全国统一的工程量清单项目设置规则和计量规则填写。单价与合价由投标人根据自己的施工组织设计(如工程量的大小、施工方案的选择、施工机械和劳动力的配备、材料供应等)及招标单位对工程的质量要求等因素综合评定后填写。

2.1.2.2 工程投标阶段

投标单位接到招标文件后,首先要对招标文件进行透彻的分析研究,对图纸进行仔细的理解。其次要对招标文件中所列的工程量清单进行审核,审核中,要视招标单位是否允许对工程量清单内所列的工程量误差进行调整决定审核办法。如果允许调整,就要详细审核工程量清单内所列的各工程项目的工程量,对有较大误差的,通过招标单位答疑会提出调整意见,取得招标单位同意后进行调整;如果不允许调整工程量,则不需要对工程量进行详细的审核,只对主要项目或工程量大的项目进行审核,发现这些项目有较大误差时,可以用调整这些项目单价的方法解决。

2.1.2.3 工程评标阶段

在评标时,可以对投标单位的最终总报价及分项工程的综合单价的合理性进行评分。由于采用了工程量清单计价方法,所有投标单位都站在同一起跑线上,因而竞争更为公平合理,有利于实现优胜劣汰,而且在评标时应坚持倾向于合理低标价中标的原则。当然,在评标时仍然可以采用综合计分的方法,不仅考虑报价因素,而且对投标单位的施工组织设计、企业业绩和信誉等按一定的权重分值分别进行计分,按总评分的高低确定中标单位。或者采用两阶段评标的办法,即先对投标单位的技术方案进行评价,在技术方案可行的前提下,再以投标单位的报价作为评标定标的唯一因素,这样既可以保证工程建设质量,又有利于业主选择一个合理的、报价较低的单位中标。

2.1.3 工程量清单计价法的特点

工程造价的计价具有多次性特点,在项目建设的各个阶段都要进行造价的预测与计算。在投资决策、初步设计、扩大初步设计和施工图设计阶段,业主委托有关的工程造价中介咨询机构根据某一阶段所具备的信息进行确定和控制,这一阶段的工程造价还并不完全具备价格属性,因为此时交易的另一方主体还没有真正出现,此时的造价确定过程可以理解为是业主的单方面行为,属于业主对投资费用管理的范畴。

工程价格形成的主要阶段是招标投标阶段,但由于我国目前的投资费用管理和工程价格管理模式并没有严格的区分开,所以长期以来在招标投标阶段实行"按预算定额规定的分部分项子目,逐项计算工程量,套用预算定额单价(或单位估价表)确定直接费,然后按规定的取费标准确定其他直接费、现场经费、间接费、计划利润和税金,加上材料调差系数和适当的不可预见费,经汇总后即为工程预算或标底,而标底则作为评标定标的主要依据"这一模式,这种模式在工程价格的形成过程中存在比较明显的缺陷。

在工程量清单计价法的招标方式下,由业主或招标单位根据统一的工程量清单项目设置规则和工程量清单计量规则编制工程量清单,鼓励企业自主报价,业主根据其报价,结合质量、工期等因素综合评定,选择最佳的投标企业中标。在这种模式下,标底不再成为评标的主要依据,甚至可以不编标底,从而在工程价格的形成过程中摆脱了长期以来的计划管理色彩,而由市场的参与双方主体自主定价,符合价格形成的基本原理。

工程量清单计价真实反映了工程实际,为把定价自主权交给市场参与方提供了可能。在工程招标投标过程中,投标企业在投标报价时必须考虑工程本身的内容、范围、技术特点要求,以及招标文件的有关规定、工程现场情况等因素;同时还必须充分考虑许多其他方面的因素,如投标单位自己制订的工程总进度计划、施工方案、分包计划、资源安排计划等。这些因素对投标报价有着直接而重大的影响,而且对每一项招标工程来讲都具有其特殊的一面,所以应该允许投标单位针对这些方面灵活机动地调整报价,以使报价能够比较准确地与工程实际相吻合。而只有这样才能把投标定价自主权真正交给招标和投标单位,投标单位才会对自己的报价承担相应的风险与责任,从而建立起真正的风险制约和竞争机制,避免合同实施过程中推诿和扯皮现象的发生,为工程管理提供方便。

与在招标投标过程中采用定额计价法相比,采用工程量清单计价法具有如下特点:

(1)满足竞争的需要。招标投标过程本身就是一个竞争的过程,招标人给出工程量清单,投标人去填单价(此单价中一般包括成本、利润),填高了不易中标,填低了风险较高,这时候就体现出了企业技术、管理水平的重要性,形成了企业整体实力的竞争。

(2)提供了一个平等的竞争条件。采用施工图预算来投标报价,由于设计图纸的缺陷,不同投标企业的人员理解不一,计算出的工程量也不同,报价相去甚远,容易产生纠纷。而工程量清单报价就为投标者提供了一个平等竞争的条件,相同的工程量,由企业根据自身的实力来填不同的单价,符合商品交换的一般性原则。

(3)有利于工程款的拨付和工程造价的最终确定。中标后,业主要与中标施工企业签订施工合同,工程量清单报价基础上的中标价就成了合同价的基础。投标清单上的单价也就成了拨付工程款的依据。业主根据施工企业完成的工程量,可以很容易地确定进度款的拨付额。工程竣工后,再根据设计变更、工程量的增减乘以相应单价,业主也很容易确定工程的最终造价。

(4)有利于实现风险的合理分担。采用工程量清单报价方式后,投标单位只对自己所报的成本、单价等负责,而对工程量的变更或计算错误等不负责;相应地,对于这一部分风险则应由业主承担。这种状况符合风险合理分担与责权利关系对等的一般原则。

(5)有利于业主对投资的控制。采用现在的施工图预算形式,业主对因设计变更、工程量的增减所引起的工程造价变化不敏感,往往等竣工结算时才知道这些变化对项目投资的影响有多大,但此时常常是为时已晚,而采用工程量清单计价的方式则一目了然,在要进行设计变更时,能马上知道它对工程造价的影响,这样业主就能根据投资情况来决定是否变更或进行方案比较,以决定最恰当的处理方法。

2.1.4　清单计价标准格式

工程量清单计价是指在标准工程量清单格式基础上,对清单中定义的每个分项工程,按照定额基准价格和相关文件或市场价格信息文件进行组价的过程。《计价规范》在工程量清单标准格式基础上,增加组价文件标准格式,主要有:

(1)综合单价分析表,是分部分项工程量清单计价基本表格,主要是表明各清单价格的来源、各清单分项工程的价格组成,形成清单综合单价的依据。

(2)单位工程计价(招标控制价、投标报价)汇总表,是已标价的分部分项工程量清单汇总费用,包括已标价措施项目清单项目汇总费用,其他项目清单汇总费用、规费、税金的总和费用。

(3)单项工程(招标控制价、投标报价)汇总表,是对各单位工程费用的汇总表。

(4)计价文件封面,包括标准计价文件要求的编制人、负责人、编制单位、负责单位的名称,表明了计价文件的企业与专业人员的法律权责。

上述表格基本格式如下:

(1)综合单价分析见表3-11。

表3-11 工程量清单综合单价分析表

工程名称: 标段: 第 页共 页

项目编码		项目名称		计量单位	

清单综合单价组成明细

定额编号	定额名称	定额单位	数量	单价				合价			
				人工费	材料费	机械费	管理费和利润	人工费	材料费	机械费	管理费和利润
人工单价				小计							
元/工日				未计价材料费							
清单项目综合单价											

主要材料名称、规格、型号			单位	数量	单价(元)	合价(元)	暂估单价(元)	暂估合价(元)
材料费明细								
其他材料费					—		—	
材料费小计					—		—	

注:1. 如不使用省级或行业建设主管部门发布的计价依据,可不填定额编号、项目编码等。

2. 招标文件提供了暂估单价的材料,按暂估的单价填入表内"暂估单价"栏及"暂估合价"栏。

（2）招标控制价扉页见图3-4。

_____工程

招 标 控 制 价

招标控制价（小写）：_____
（大写）：_____

招　标　人：_____
（单位盖章）

工程造价
咨　询　人：_____
（单位资质专用章）

法定代表人
或其授权人：_____
（签字或盖章）

法定代表人
或其授权人：_____
（签字或盖章）

编　制　人：_____
（造价人员签字盖专用章）

复　核　人：_____
（造价工程师签字盖专用章）

编 制 时 间：　年　月　日　　　复核时间：　年　月　日

图3-4　招标控制价扉页

（3）单位工程招标控制价（投标报价）汇总表见表3-12。

表3-12　单位工程招标控制价（投标报价）汇总表

工程名称：　　　　　　　　标段：　　　　　　　　　第　页共　页

序号	汇总内容	金额（元）	其中：暂估价（元）
1	分部分项工程		
1.1			
1.2			
1.3			
1.4			
1.5			
2	措施项目		
2.1	其中：安全文明施工费		
3	其他项目		
3.1	其中：暂列金额		
3.2	其中：专业工程暂估价		
3.3	其中：计日工		
3.4	其中：总承包服务费		
4	规费		
5	税金		
招标控制价合计 = 1 + 2 + 3 + 4 + 5			

注：本表适用于单项工程招标控制价或投标报价的汇总。

（4）单项工程招标控制价（投标报价）汇总表见表3-13。

表3-13　单项工程招标控制价（投标报价）汇总表

工程名称　　　　　　　　　　　　　　　　　　　第　页共　页

序号	单位工程名称	金额（元）	其中（元）		
			暂估价	安全文明施工费	规费
	合计				

注：本表适用于单项工程招标控制价或投标报价的汇总，暂估价包括分部分项工程中的暂估价和专业工程暂估价。

2.2　工程量清单计价程序

　　根据发布的工程量清单对各个分项工程、措施项目、其他项目进行计价。通用操作准则是国有投资项目的招标控制价,需按照建设主管部门发布定额和信息文件确定。投标报价可以按照企业自身能力、市场情况进行价格调整制定。各省、自治区、直辖市发布的工程定额的基本价格与消耗量是工程量清单基本价格确定的最有效依据。

现有装配式构件的基准价格,主要来源于2016版《河南省建设工程预算定额》《河南省装配式建筑补充定额》。随着我国建筑工程价格的不断改革,装配式建筑的价格会不断修订。本章仅以现在使用的两个装配式建筑定额说明装配式建筑工程量清单计价过程。

2.2.1　计价程序

工程量清单计价程序见表3-14

表3-14　某工程量清单计价程序

工程名称:　　　　　　　　　　　　　　　　标段:

序号	内容	计算方法	金额(元)
1	分部分项工程费		
1.1		建设单位编制招标控制价时,需按招标文件编制的工程量清单、省市出台的预算定额计价规定、材料价格信息及相关文件确定,费用需足额计取。	
1.2			
1.3			
1.4		施工单位计算投标价时,可按企业内部定额、预算定额对清单中的各项工程综合单价自行报价。	
1.5			
		结算时,按合同双方约定的单价,工程量按实际完成内容。	
		分项工程价格＝工程量×单价	
2	措施项目费		
2.1	其中:安全文明施工费	按规定标准计算	
3	其他项目费		
3.1	其中:暂列金额	招标人按计价规定估算、投标人按招标人报价填写金额,结算时按实结算	
3.2	其中:专业工程暂估价		
3.3	其中:计日工	招标控制价按规定估算、投标人自主报价,结算时按合同约定	
3.4	其中:总承包服务费		
3.5	索赔与签证	仅限结算时使用,按双方约定	
4	规费	按规定标准计算	
5	税金(扣除不列入计税范围的工程设备金额)	(1+2+3+4)×规定税率	
	招标控制价合计＝1+2+3+4+5		

2.2.2　河南省建设工程预算定额

对于现有装配式构件工程量清单的基准价格主要来源有《河南省房屋建筑与装饰工程预算定额》(HA 01－31－2016)和《河南省预制装配式混凝土结构建筑工程补充定额(试

行)》(2016),对《计价规范》各个子项及补充子项进行平均费用确定,是各类装配式构件的基准综合单价。措施项目、规费、税金项目的计算执行河南省建筑工程标准定额站现行计算方法。定额中各子目费用计价要点如下。

2.2.2.1 预制构件及装配式建筑构件计价要点

《河南省房屋建筑与装饰工程预算定额》(HA 01 - 31 - 2016)关于预制构件各分项的基准价格确定如下:

清单规范中对预制混凝土构件价格的确定,要求工作内容包括预制构件的制作、运输、安装、嵌缝等。《河南省房屋建筑与装饰工程预算定额》(HA 01 - 31 - 2016)中,按照施工工艺相同的消耗的综合过程,关于预制构件及装配式建筑构件计价要点如下:

(1)构件安装不分履带式起重机或轮胎式起重机,以综合考虑编制。构件安装是按单机作业考虑的,当因构件超重(以起重机械起重量为限)须双机作业时,按相应项目人工、机械乘以系数 1.20。

(2)构件安装按机械起吊中心回转半径 15 m 以内距离计算。当超过 15 m 时,构件须用起重机移动就位,且运距在 50 m 以内的,起重机械乘以系数 1.25;运距超过 50 m 的,应另按构件运输项目计算。

小型构件安装是指单体构件体积小于 0.1 m³ 以内的构件安装。

(3)装配式建筑构件按外购成品考虑。包括预制钢筋混凝土柱、梁、叠合梁、叠合楼板、叠合外墙板、外墙板、内墙板、女儿墙、楼梯、阳台、空调板、预埋套管、注浆等项目。未包括构件卸车、堆放支架及垂直运输机械等内容。如预制外墙构件中已包含窗框安装,则计算相应窗扇费用时应扣除窗框安装人工。柱、叠合楼板项目中已包括接头、灌浆工作内容,不再另行计算。

2.2.2.2 预制混凝土构件计算

预制混凝土构件计算均按设计图示尺寸以体积计算,不扣除构件内钢筋、铁件及小于 0.3 m² 孔洞所占的体积。定额将各分项工程基准价格拆分为现场混凝土构件制作、钢筋工程、模板工程、构件安装运输、补缝五个综合过程。实际运用时,按照预制构件实际来源对构件进行组价。

(1)预制混凝土构件制作(5 - 59)~(5 - 64)。有预制混凝土过梁、预制混凝土架空隔热板、地沟盖板、镂空花格、小型构件,指在现场制作的普通预制混凝土构件。工作内容只包括现场混凝土的浇筑、振捣、养护。对预制构件现场制作时需要的机械搅拌费用(5 - 82)与场内运输(5 - 87、5 - 88)费用进行了专门的补充。

(2)混凝土构件中的钢筋工程(5 - 89)~(5 - 170)。是预制混凝土构件制作时的钢筋工程的基准价格,无论是现场制作还是预制构件厂订做加工,钢筋工程的工程量均按设计图实际计算,套用定额价格。

(3)预制板间灌缝(5 - 65)~(5 - 81)。是补充预制构件安装时,由于预制产品间距过大需要的各种构件灌缝。其计量单位与工作内容与现浇混凝土构件相同。

(4)预制混凝土构件制作完成后,垂直运输工具吊装到指定位置进行安装(5 - 303)~(5 - 367)。是安装及场内运输费用,包括预制混凝土构件就位、加固、安装、校正等。所有预制构件无论现场或工厂制作,均可按构件类型套用相关子目的有关费用。

2.2.2.3　混凝土构件运输价格计价要点

（1）构件运输适用于构件堆放场地或构件加工厂至施工现场的运输。运输以 30 km 以内考虑（包括 30 km 以内的运输），30 km 以上另行计算。

（2）构件运输基本运距按场内运输 1 km、场外运输 10 km 分别列项，实际运距不同时，按场内每增减 0.5 km，场外每增减 1 km 项目调整。

（3）预制混凝土构件运输，按预制混凝土构件分类，按就高不就低的原则执行。

2.2.2.4　构件安装子目计价要点

（1）构件安装不包括运输、安装过程中起重机械、运输机械场内行驶，道路加固、铺垫工作的人工、材料、机械消耗，发生费用时另行计算。

（2）构件安装高度以 20 m 以内为准，安装高度（除塔吊施工外）超过 20 m 并小于 30 m 时，按相应项目人工、机械乘以系数 1.20。安装高度（除塔吊施工外）超过 30 m 时，另行计算。

（3）构件安装需另行搭设的脚手架，按批准的施工组织设计要求，执行定额"措施项目"脚手架工程相应项目。

（4）塔式起重机的机械台班均已包括在垂直运输机械费用项目中。单层房屋屋盖系统预制混凝土构件，必须在跨外安装的，按相应项目的人工、机械乘以系数 1.18；但使用塔式起重机施工时，不需要乘以系数。

2.2.3　补充定额

除上述内容之外，河南省建设主管部门还编制了市场上新的预制构件产品，由《河南省装配式建筑定额》补充。分为预制构件安装、预制构件工厂化制作、构件运输三个分部，并按照清单综合单价的要求，给出了人工、材料、机械、管理费和利润的基准价格。各分部具体内容如下。

2.2.3.1　预制构件的安装

该分部共九个子目，指预制墙、板、飘窗板、空调板、楼梯段及其他构件现场翻身、就位、加固、安装、校正、垫实固定、紧固螺栓等全部内容的基准价格，该分部中还列明安装过程需要导管注浆、外墙嵌缝、打胶的基准价格。

1. 相关说明

预制构件安装相关说明如下：

（1）构件安装不分外形尺寸、截面类型及是否带有保温，除另有规定者外，均按构件种类套用相应定额。

（2）构件安装定额已包括构件固定所需临时支撑的搭设及拆除，支撑（包括墙支撑、叠合板支撑、楼梯支撑、支撑预埋铁件及临时焊接铁件）种类、数量及搭设方式是综合考虑的，实际不同时不予调整。

（3）定额构件连接是按环筋扣合锚接方式考虑的，如采用套筒灌浆等其他方式连接的，应另行编制补充子目。

（4）实心墙板安装定额按安装部位以内外墙划分，不分剪力墙、非剪力墙及是否带有保温或门窗洞口，均按相应定额执行，定额中已包含内墙板之间的缝隙嵌补；室内叠合板安装不分安装部位，均套用同一定额子目。

（5）楼梯平台板套用叠合板相应子目。若平台板和楼梯段整体预制，执行楼梯段制作子目。

（6）飘窗板、空调板安装不分是整体板还是叠合板，均套用相应定额子目。依附于外墙整体制作的飘窗板，并入外墙板内计算。

（7）导管注浆按ϕ25 mmPVC 管、ϕ8 mm@200 mm 的孔考虑。

（8）嵌缝、打胶定额中的注胶缝断面按 20 mm×15 mm 编制，若注胶缝断面设计与定额不同，密封胶用量按比例调整，其余不变。定额中密封胶按硅酮耐候胶考虑，如设计采用的密封胶种类与定额不同时，可换算。

2. 计算规则

预制构件安装的工程量计算规则如下：

（1）构件安装工程量按设计图示尺寸以体积计算，依附于构件制作的各类保温层、保护层体积并入相应的构件安装体积中。不扣除混凝土构件内的钢筋、预埋铁件、配管、套管、线盒及单个面积在 300 mm×300 mm 以内的孔洞所占体积。

（2）导管注浆子目，实际发生时按延长米计算。

（3）外墙嵌缝工程量按嵌缝长度以延长米计算。

2.2.3.2 预制构件工厂制作

1. 内容

预制构件工厂制作分部包括预制墙、板、飘窗板、空调板、楼梯段在预制工厂的加工制作全部工作，具体内容包括：

（1）混凝土浇捣、成品埋件安装、保温层铺贴、保护层浇捣及抹光、养护、侧边凿毛等工艺。

（2）钢筋搬运、加工制作、焊接、入模安装等。

（3）钢模板（模台、模具）拼装、固定、刷隔离剂、拆除、清理、维护、堆放。

（4）成品堆放。

其中墙体按不同的墙厚分为预制钢筋混凝土墙和填充墙，该分部的分项工程价格包括构件在工厂制作的全部过程。若构件按从装配式厂家直接购置的材料费，还需计入运输与税金、采购费、保管费、规费等内容。

2. 相关规定

（1）构件制作定额未包括外墙饰面、水电安装预埋的配管、套管及线盒、线箱等内容，如设计有要求，应按《2008 综合单价》或《河南省房屋建筑与装饰工程预算定额》（HA 01 - 31 -2016）有关规定计算。保温层、保护层、填充墙砂浆及必要的吊件、连接件、措施性预埋件已含在构件制作定额内，不得另计。

（2）构件制作是按商品混凝土到达制作现场考虑的。制作定额的人工消耗量按工厂车间生产人工的人工用量进行编制。构件制作定额的机械费是综合考虑的，包括构件生产所需的各类起重、混凝土浇捣、钢筋加工和厂内小型运输机械等所有机械。厂房摊销费用已综合考虑在构件制作中。

（3）构件制作按构件种类不同分别套用相应定额，其中：

①墙板不分内、外墙及是否带有门窗洞口，均执行墙相应子目；

②其他构件定额适用于未列项目的小型构件。

（4）预制构件模板是按专用钢模板（侧模）编制的，定额中已包括构件制作所需钢模台、磁盒等的摊销，实际模板的种类、型号、用量不同不予调整。

（5）构件制作中已综合考虑了各类吊装、支撑所需措施性预埋件，不另单独计算。

2.2.3.3 预制构件运输

预制构件运输分部指各种预制装配式构件的运输费用,无论构件大小,按 40 km 基准综合单价,以每增加或减少 1 km 的综合单价作为构件运输费用。当运距大于 60 km 时,按交通运输部门的规定或市场运价计算,不再执行构件运输定额子目。运输定额中包括了预制构件的装卸、运输及摆架摊销费用。运输过程中,如遇路桥限载(限高)而发生的加固、拓宽的费用及有电车线路和公安交通管理部门的保安护送费用,应另行计算。

2.2.3.4 后浇筑钢筋混凝土工程

本定额未列项的现场浇筑钢筋混凝土子目,应按《2008 综合单价》相应子目计算,并做如下调整:

(1)钢筋工程相应子目,其人工、机械乘以系数 1.5,其他不变;混凝土工程相应子目,其人工、机械乘以系数 1.2,其他不变。

(2)板与墙水平连接,执行现浇圈梁相应子目。

(3)墙与墙竖向连接,执行现浇矩形柱相应子目;" + ""⌐""⊥"形等竖向连接执行现浇异形柱相应子目。

(4)叠合板之间连接,执行平板相应子目。

(5)叠合板上面后浇筑混凝土,执行现浇平板相应子目,模板不再计算。

(6)空调板上面后浇筑混凝土,执行现浇零星构件相应子目,人工、机械乘以系数 1.5,模板定额子目乘以系数 1.5。

(7)现浇楼梯梁、平台板后浇筑混凝土部分执行现浇梁、平板相应子目,模板定额子目乘以系数 1.3。

2.3 工程量清单计价案例

某框架剪力墙结构的装配式工程,24 号外墙板,拆分后构件尺寸如图 3-5 所示。制作按照工程量清单规范,编制 24 号外墙板清单及综合单价(仅含人工费、材料费、机械费、管理费与利润)。计价条件为,人工工日为 76 元/工日,运输距离 29 km,材料费为补充定额中材料含税基准价格。人工消耗量、机械消耗量、其他材料费、管理费与利润均不调整。

分析:24 号外墙板是在原有项目的现浇结构施工图基础上,对墙体二次深化后设计的预制墙板,其中构件的制作是在预制构件厂订制,运输距离为 29 km,现场安装,板间灌缝价格需参照《装配式建筑补充定额》。由于定额人工单价、钢筋含量与实际使用不一致,需要调整定额基准价格。分部分项工程计价主要指按照清单内容计取综合单价的内容。按标准计价格式,分部分项工程计价共分为三个造价文件,一是编制工程量清单,通常在招标时使用,二是填写综合单价分析表,对已编制工程量清单,依据定额进行分项工程组价,并填写在综合单价分析表中,用作过程管理中作为解决价格纠纷的依据。三是将综合单价分析表中计算的分项工程单价填写到工程量清单中,形成已标价工程量清单。其中,招标控制价的已标价清单,仅在招标投标及合同签订时作为参考依据;投标价的已标价清单,是交易双方合同签订时的重要依据。

计价计算的主要步骤为:

(1)清单与定额工程量计算。

(2)定额单价调整系数的计算。

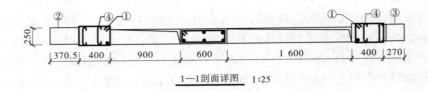

1—1剖面详图 1:25

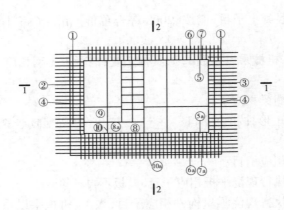

24/03钢筋图 1:50

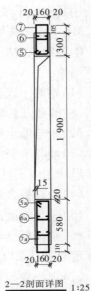

2—2剖面详图 1:25

图 3-5 剖面详图

（3）综合单价分析。

（4）填写工程量清单的综合单价,计算合价,形成已标价工程量清单。

解:1.工程量计算

（1）混凝土工程量:合计 1.82 m³。

（2）钢筋工程量计算:合计 386.893 kg。

2.编制工程量清单

工程量清单见表 3-15。

表 3-15 工程量清单

项目编码	项目名称	项目特征描述	计量单位	工程量	金额(元)		
					综合单价	合价	暂估价
Y010518003	混凝土内（外）墙	单件体积:1.82 m³ 墙厚度:220 mm 混凝土强度等级:C30 钢筋种类、规格见钢筋图 其他预埋要求:按图纸 安装高度:5.72～8.6 m	m³	1.82			

3. 清单与定额工程量计算

清单与定额工程量需分别计算,结果见表3-16。

表3-16 清单与定额工程量计算

分项工程名称	清单/定额子目	工程量计算内容
装配式混凝土墙板	Y010518003	单板混凝土体积 1.82 m³
	补充定额:1-1	单板混凝土体积 1.82 m³
	补充定额:2-6	单板混凝土体积 1.82 m³,钢筋工程量:386.893 kg
	补充定额:3-1	运距:29 km
	补充定额:1-9	单板混凝土体积 1.82 m³

4. 调整定额中单价

实际钢筋用量:386.893 ÷ 1.82 = 212.58(kg/m³),定额用量:68 + 40 = 108(kg/m³)。

钢筋调整系数:212.58 ÷ 108 = 1.97。

人工调整系数:76 ÷ 43 = 1.77。

2-6 钢筋调整:3 600 × 108 × (1.97 - 1) ÷ 1 000 = 377.14(元/m³)。

或 3 600 × 386.893 ÷ 1 000 = 1 392.81(元/m³)。

调整后定额单价:

调整后人工费 = 定额人工单价 × 调整系数(1.77) = 107.8 × 1.77 = 190.81(元/m³)

调整后材料费 = 定额材料单价 + 差值 = 726.15 + 377.14 = 1 103.29(元/m³)

定额单价调整表见表3-17。

表3-17 定额单价调整表 （单位:元）

定额编号	定额名称	计量单位	人工费		材料费		机械费	管理费	利润
			调整前	调整后	调整前	调整后			
补1-1	外墙安装	m³	70.02	123.94	17.31	17.31	—	15.85	7.23
补2-6	外墙板制作	m³	107.80	190.81	726.15	1 103.29	199.95	341.19	68.75
补3-1	运输	10 m³	165.12	292.26	86.82	86.82	2 152.77	171.60	85.80
补1-9	外墙嵌缝、打胶	10 m	40.46	71.61	271.87	271.87		15.80	12.84

5. 编制综合单价

按上述内容编制该墙板的综合单价,并按规范要求填入分部分项工程综合单价分析表(见表3-18)。

表 3-18　分部分项工程综合单价分析表

项目编码	Y010518003	项目名称	预制外墙	计量单位	m³	工程量	1

清单综合单价组成明细

定额编码	定额项目名称	计量单位	数量	单价				合价			
				人工费	材料费	机械费	管理费与利润	人工费	材料费	机械费	管理费与利润
补 1-1	外墙安装	m³	1	123.94	17.31	—	23.08	123.94	17.31	—	23.08
补 2-6	外墙板制作	m³	1	190.81	1 103.29	199.95	409.94	190.81	1 103.29	199.95	409.94
补 3-1	运输	10 m³	0.1	292.26	86.82	2 152.77	257.4	29.23	8.68	215.28	25.74
补 1-9	外墙嵌缝、打胶	10 m	0.556	71.61	271.87	—	28.64	39.82	151.16	—	15.92
人工单价		小计						383.79	1 280.44	415.23	474.68
元/工日		未计材料费									
清单项目综合单价								2 554.14			

6. 编制已标价工程量清单

根据上述内容编制已标价工程量清单(见表 3-19)。

表 3-19　已标价工程量清单

项目编码	项目名称	项目特征描述	计量单位	工程量	金额		
					综合单价	合价	暂估价
Y010502001001	预制墙	同清单表	m³	1.82	2 554.14	4 648.54	

7. 附件

(1)24 号构件混凝土工程量计算过程。

①暗柱混凝土工程量:$0.4 \times 0.25 \times 2.78 \times 2 = 0.556(\text{m}^3)$

长:0.4 m;宽:0.25 m;高:2.78 m;个数:2。

②上部框架梁:$0.2 \times 0.3 \times 3.1 = 0.186(\text{m}^3)$。

宽:0.2 m;高:0.3 m;长:3.1 m;个数:1。

③下部框梁:$0.2 \times 0.58 \times 3.1 = 0.359\ 6(\text{m}^3)$。

宽:0.2 m;高:0.58 m;长:3.1 m;个数:1。

④构造柱:$0.6 \times 0.25 \times 1.5 = 0.225(\text{m}^3)$。

长:0.6 m;宽:0.25 m;高:1.5 m;个数:1。

⑤预制隔墙:$1.5 \times 0.22 \times 1.5 = 0.495(\text{m}^3)$。

长:$0.9 + 0.6 = 1.5(\text{m})$;

宽:0.22 m;高:1.5 m;个数:1。

24 号构件混凝土工程量:$0.556 + 0.186 + 0.359\ 6 + 0.225 + 0.495 = 1.82(\text{m}^3)$。

(2)构件钢筋量(以下质量单位均为 kg)。

①钢筋编号:1;型号:HRB16。

$[(2995+195)\times2-4\times2\times16]\times6\times2/1\,000=75.024(\text{m})$。

质量:$75.024\times1.58=118.54(\text{kg})$。

②钢筋编号:2;型号:HRB10。

$[(753.5+215)\times2-3\times2\times10-2\times2.5\times10+2\times100]\times27/1\,000=54.729(\text{m})$。

质量:$54.729\times0.617=33.767\,793(\text{kg})$。

③钢筋编号:3;型号:HRB10。

$[(623+215)\times2-3\times2\times10-2\times2.5\times10+2\times100]\times27/1\,000=47.682(\text{m})$。

质量:$47.682\times0.617=29.419\,79(\text{kg})$。

④钢筋编号:4;型号:HRB10。

$(235+2\times100-2\times10-2.5\times10)\times108\times2/1\,000=84.24(\text{m})$。

质量:$84.24\times0.617=51.976\,08(\text{kg})$。

⑤钢筋编号:5;型号:HRB20。

上部钢筋:$(3\,580+2\times227-2\times2\times20)\times2/1\,000=7.908(\text{m})$。

下部钢筋:$(3\,670+2\times272-2\times2\times20)\times2/1\,000=8.268(\text{m})$。

质量:$(7.908+8.268)\times2.47=39.954\,72(\text{kg})$。

⑥钢筋编号:6;型号:HRB12。

$3\,900\times2/1\,000=7.8(\text{m})$。

质量:$7.8\times0.888=6.926\,4(\text{kg})$。

⑦钢筋编号:7;型号:HRB8。

$[(385+160)\times2+2\times80-3\times2\times8-2\times2.5\times8]\times31/1\,000=36.022(\text{m})$。

质量:$36.022\times0.395=14.228\,69(\text{kg})$

⑧钢筋编号:5a;型号:HRB22。

上部钢筋:$(1\,240+330-2\times22)\times4/1\,000=6.104(\text{m})$。

下部钢筋:$(3\,735+2\times330-2\times2\times22)\times2/1\,000=8.614(\text{m})$。

质量:$(6.104+8.614)\times2.97=43.712\,46(\text{kg})$。

⑨钢筋编号:6a;型号:HRB12。

$3\,900\times4/1\,000=15.6(\text{m})$。

质量:$15.6\times0.888=13.852\,8(\text{kg})$。

⑩钢筋编号:7a;型号:HRB8。

$[(670+160)\times2+2\times80-3\times2\times8-2\times2.5\times8]\times31/1\,000=53.692(\text{m})$。

质量:$53.692\times0.395=21.208\,34(\text{kg})$。

⑪钢筋编号:8;型号:HRB6。

$800\times4/1\,000=3.2(\text{m})$。

质量:$3.2\times0.222=0.710\,4(\text{kg})$。

⑫钢筋编号:8a;型号:HRB6。

$580\times4/1\,000=2.32\ \text{m}$。

质量:$2.32\times0.222=0.515\,04(\text{kg})$。

⑬钢筋编号:9;型号:HRB6。

$1\,680 \times 4/1\,000 = 6.72(\text{m})$。

质量:$6.72 \times 0.222 = 1.491\,84(\text{kg})$。

⑭钢筋编号:10;型号:HRB6。

$(172 + 2 \times 30 - 2 \times 6 - 2.5 \times 6) \times 8/1\,000 = 1.64(\text{m})$。

质量:$1.64 \times 0.222 = 0.364\,08(\text{kg})$。

⑮钢筋编号:10a;型号:HRB6。

$(172 + 2 \times 75 - 2 \times 6 - 2.5 \times 6) \times 47/1\,000 = 13.865(\text{m})$。

质量:$13.865 \times 0.222 = 3.078\,03(\text{kg})$。

⑯构造柱纵筋;型号:HRB6。

构造柱纵筋:$(1\,500 + 250 + 2 \times 200 - 2 \times 2 \times 6) \times 6/1\,000 = 12.756(\text{m})$。

质量:$12.756 \times 0.222 = 2.831\,832(\text{kg})$。

⑰构造柱箍筋;型号:HRB6。

$[(600 - 2 \times 25 + 220 - 2 \times 25) \times 2 + 2 \times 100 - 3 \times 2 \times 6 - 2 \times 2.5 \times 6] \times 8/1\,000 = 12.592$（m）。

质量:$12.592 \times 0.222 = 2.795\,424(\text{kg})$。

⑱构造水平筋;型号:HRB6。

构造水平筋:$(175 + 900 + 600 - 20 + 2 \times 200 - 2 \times 2 \times 6) \times 2/1\,000 = 4.062(\text{m})$。

质量:$4.062 \times 0.222 = 0.901\,764(\text{kg})$。

⑲构造柱纵筋;型号:HRB6。

构造柱纵筋:$(220 - 2 \times 20 + 2 \times 200 - 2 \times 2 \times 6) \times 5/1\,000 = 2.78(\text{m})$。

质量:$2.78 \times 0.222 = 0.617\,16(\text{kg})$。

24 号构件钢筋量:

$118.54 + 33.767\,793 + 29.419\,79 + 51.976\,08 + 39.954\,72 + 6.926\,4 + 14.228\,69 + 43.712\,46 + 13.852\,8 + 21.208\,34 + 0.710\,4 + 0.515\,04 + 1.491\,84 + 0.364\,08 + 3.078\,03 + 2.831\,832 + 2.795\,424 + 0.901\,764 + 0.617\,16 = 386.893(\text{kg})$。

习 题

1.工程量清单的定义是什么？编制工程量清单必须填写哪些内容？编制分部分项工程量清单时是否需要在分部分项工程量清单与计价表中填写综合单价？为什么？

2.通常编制综合单价的依据有哪些？建设方与承包方编制综合单价的依据是否相同，为什么？

3.房屋建筑工程中,有哪些工程量清单？其他项目清单都有哪些内容,是否可以填写价格？为什么？

4.《河南省预制装配式混凝土结构建筑工程补充定额》对于预制保温混凝土墙板的工程量计算规定内容有哪些？工作内容包括哪些？

5.某框架剪力墙结构装配式项目中,钢筋混凝土装配式剪力墙构件工程量为 $400\ \text{m}^3$,墙厚 200 mm,保温板厚 50 mm,与墙体在加工厂一同制作完毕。请列出相应的分部分项工程量清单。

6. 某框架剪力墙结构装配式项目中,钢筋混凝土装配式剪力墙构件工程量为 400 m³,墙厚 200 mm,保温板厚 50 mm,与墙体在加工厂一同制作完毕。其中,钢筋混凝土构件运至工地价格为 1 400 元/m³(不含增值税),根据墙体安装定额,人工费为 260 元/m³,安装材料费为 14 元/m³,机械费为 65 元/m³,管理费为 13 元/m³,利润为 10 元/m³,安全文明施工费为 20 元/m³,其他措施费为 17 元/m³,规费为 7 元/m³,税率为 11%,按综合单价分析表内容(定额编号可以不写),编制该分部分项工程综合单价,并计算该分部分项工程的全部费用,填入单位工程费用汇总表中。

第4章 装配式建筑工程造价全过程管理

第1节 招标与合同管理

1.1 工程招标

建设工程项目招标投标是市场经济的必须产物,对于我国建筑业沿着社会主义市场体系的健康发展并稳步与世界接轨有着重要意义。本节主要运用《中华人民共和国招标投标法》《招标投标法实施条例》的有关要求,结合建筑工程项目招标的实际,介绍建筑工程招标管理与实施要求。

1.1.1 施工招标管理要求

按照国家规定,依法必须进行招标的工程建设项目,必须进行招标,并对招标活动实施监督,依法查处招标活动中的违法行为。主要知识点有招标方式、工程承发包的主要模式等。

1.1.1.1 招标方式

按照国家有关规定需要履行项目审批、核准手续的依法必须进行招标的项目,其招标范围、招标方式、招标组织形式应当报项目审批、核准部门审批、核准。招标人具有编制招标文件和组织评标能力的可以自行办理招标事宜。

1. 公开招标

(1)国有资金占控股或者主导地位的应当公开招标(除邀请招标情况外)。

(2)招标公告和资格预审公告。招标单位应当在国务院发展改革部门依法指定的媒介,公开发布工程项目的招标公告和资格预审公告,在不同媒介发布的同一招标项目的招标公告或资格预审公告的内容应当一致。

(3)招标文件和资格预审文件。招标人可以对发出的资格预审文件或者招标文件进行必要的澄清或者修改。

(4)招标人应当在招标文件中载明投标有效期。投标有效期从提交投标文件的截止之日算起。

(5)招标人可以自行决定是否编制标底。一个招标项目只能有一个标底。标底必须保密。招标人设有最高投标限价的,应当在招标文件中明确最高限价或者最高限价的计算方法。招标人不得规定最低投标限价。

(6)对技术复杂或者无法精确拟订技术规格的项目,招标人可以分两阶段进行招标。

第一阶段,投标人按照招标公告或者投标邀请书的要求提交不带报价的技术建议确定技术标准,招标人根据投标人提交的技术建议确定技术标准和要求,编制招标文件。

第二阶段,招标人向在第一阶段提交技术建议的投标人提供招标文件,投标人按照招标文件的要求提交包括最终技术方案和投标报价在内的投标文件。

2.邀请招标

邀请招标类似于世界银行的选择性招标,即招标单位向部分经过考察符合投标资格的投标人,公开程序并发出邀请书进行招标投标工作的全过程。这种招标形式国际上采用较为普遍。其对招标人的要求与公开招标一致。有下列情形之一的经批准可以采用邀请招标:

(1)技术复杂、有特殊要求或者受自然环境限制,只有少量潜在投标人可供选择。

(2)涉及国家安全、国家秘密或者抢险救灾,不宜公开招标的。

(3)采用公开招标方式的费用占项目合同金额的比例过大。

1.1.1.2 工程承发包的主要模式

工程承发包是一种商业行为,交易双方为项目业主和承包商,双方签订承包合同,明确双方各自的权利与义务,承包商为业主完成工程项目的全部或部分项目建设任务,并从项目业主处获取相应的报酬。

工程总承包是国家提倡的一种承发包模式。《国务院办公厅关于大力发展装配式建筑的指导意见》中明确规定,"装配式建筑原则上应用工程总承包模式"。工程总承包包括以下几种。

1.设计采购施工(EPC)总承包

承包商承担全部设计、设备及材料采购、土建及安装施工、试运转、试生产直至达产达标。这种承包形式业主省心省力省资源投入,建设期间承担的风险较小;而承包商的风险则较大,但相应利润空间也较大。这是国际项目采用最多的承包模式,目前国内建筑行业也普遍采用这一承包模式。

2.设计和采购总承包(DP)

承包商承担工程的设计、设备采购(大部分业主把材料采购另行委托)及现场安装的技术指导,并承担投产运行后设计和设备质量的责任。

3.设计施工总承包(DB)

承包商承担工程的设计及土建安装施工,并承担投产运行后设计指标的实现及施工质量的责任。

4.采购及施工总承包(PC)

承包商承担设备及材料采购、土建安装施工至无负荷试运转,并承担投料运行后设备质量及施工质量的责任。

5.交钥匙总承包

承包商承担从可行性研究、项目决策、设计、采购、施工直至无负荷试运转结束的全部工作。

1.1.2 施工招标条件与程序

建筑工程招标应当满足国家法律和国家相关政策,并按照国家颁布的《中华人民共和国招标投标法》及《招标投标法实施条例》的规定执行。本条主要知识点是招标应具备的条件、招标文件编制的内容、招标程序、废标及其确认等。

1.1.2.1 招标应具备的条件

建筑工程项目的招标,应当满足法律规定的下列前提条件,方能进行:

(1)项目应履行审批手续并批准。

(2)有相应的资金或资金来源已落实,并在招标文件中如实载明。

(3)招标人已经依法成立。

(4)初步设计及概算已履行审批手续,并已批准。

(5)招标范围、招标方式和招标组织形式等应履行核准手续,并已核准。

(6)有招标所需的设计图纸及技术资料等。

1.1.2.2 招标文件编制的内容

(1)工程概况描述。

(2)已批准的项目建议书或可行性研究报告,主要经济技术指标等。

(3)承包范围。

(4)城市规划部门确定的规划控制条件和用地红线图,工程地质、水文地质、工程测量等建设场地勘察报告。

(5)供水、供电、供气、供热、环境、道路的基础资料,节能、环保、消防、抗震等要求。

(6)执行的技术标准、规范要求;各阶段的工期、质量、安全要求。

(7)设备、主材供应方式及划分清单、工程量清单及主要设计图纸。

(8)招标函及投标须知;投标书格式要求及投标截止日期、交投标书地点;投标商考察现场及答疑安排;投标保证金要求;合同主要条款;评标标准及方法,以及需说明的其他内容。

1.1.2.3 招标程序

招标过程一般可分为发标前准备、招标投标、评标中标三个阶段。

1.发布招标公告及资格预审公告

公告主要内容:招标人名称,招标工程名称,项目批准机关名称,招标工程项目的性质、规模、结构类型、招标范围、标段划分、资金来源与落实情况,工程建设地点,计划开竣工日期,工程质量标准要求,标书费用,投标保证金及投标保函的要求,开标时间及地点要求,招标人及招标代理机构的名称、办公地点、联系人、联系方式,公告日期,投标商报名及提供资格预审的资料内容等。

2.资格审查

资格审查分为资格预审和资格后审。资格审查应由资格审查委员会(资格后审由评标委员会)按照资格审查文件执行,不得随意提高或降低标准。审查内容已在招标投标内容中阐述。审查方法一般分为初审和详审,并采用打分排名的形式淘汰不合格投标人或作为评标时的参考。

1)资格预审

(1)国有资金占控股或者主导地位的招标项目,招标人应当组建资格审查委员会审查资格预审申请文件。

(2)资格预审应当按照资格预审文件载明的标准和方法进行。

(3)资格预审内容包括基本资格审查和专业资格审查。专业资格审查是资格审查的重点,主要内容包括:施工经历;人员状况,包括承担本项目所配备的管理人员和主要人员的名单和简历;施工方案,包括履行合同任务而配备的施工装备等;财务状况,包括申请人的资产负债表、现金流量表等。

（4）资格预审结束后,招标人应当及时向资格预审申请人发出资格预审结果通知书。通过资格预审的申请人少于 3 个的,应当重新招标。

2）资格后审

资格后审即在开标后由评标委员会按照招标文件规定的标准和方法对投标人的资格进行审查,资格后审在发布招标公告时应说明。资格后审的内容和重点与资格预审相同。

3. 投标人考察现场、招标文件答疑澄清

（1）投标人考察现场及招标文件答疑。一般在投标人领取标书后即可进行。

（2）招标人对已发出的招标文件进行必要的修改、补遗、澄清及对投标人答疑时提出涉及招标内容变化的,应在投标文件截止时间至少 15 日前,以书面形式通知所有招标文件收受人。该澄清或者修改的内容为招标文件的组成部分。

4. 投标

投标人应在投标截止时间之前将编制的投标文件送达指定的地点。

5. 开标

（1）开标应公开进行。开标时间应与提交投标文件截止时间相同。开标地点应为招标文件中预先确定的地点。若有变化,应提前告知投标人。

（2）开标程序。一般采用:宣布已递交投标保证金或投标保函及投标书的投标单位名单→检查投标书密封是否合格→投标单位资格审查→合格投标单位抽签确定开标顺序→开商务标→开技术标→合格投标单位依次讲解标书或答疑→评标委员会评审标书→评委确定中标候选单位并报招标人→招标人宣布中标单位→颁发中标通知书。

6. 评标定标

（1）评标委员会组成。一般由招标人代表和技术、经济等方面的专家组成,其成员人数为 5 人以上单数。其中技术、经济等方面的专家不得少于成员总数的 2/3。专家由招标人及从招标代理机构的专家库或国家、省、直辖市人民政府提供的专家名册中随机抽取,特殊招标项目可由招标人直接确定。

（2）评标原则:公开、公平、公正。

（3）评审方法。严格按照招标文件公布的评标办法和标准执行,一般采用资格审查情况、技术标和商务标由评委按照细目的评分标准分别打分,按公布的比例合成总分,并确定排名顺序。再经评委复议及招标人确认,最终宣布中标单位。

（4）有效标。开、评标过程中,有效标书少于 3 家,此次招标无效,需重新招标。

7. 颁发中标通知书

略。

8. 签订合同

略。

1.1.2.4　废标及其确认

有下列情况之一的,评标委员会应当否决其投标:

（1）投标文件没有对招标文件的实质性要求和条件做出响应。

（2）投标文件未经投标单位盖章和单位负责人签字。

（3）弄虚作假、串通投标、行贿等违法行为。

（4）低于成本报价或高于招标文件设定的最高投标限价。

（5）投标联合体没有提交共同投标协议。

（6）投标人不符合国家或者招标文件规定的资格条件。

（7）同一投标人提交两个以上不同的投标文件或者投标报价，但招标文件要求提交备选投标的除外。

1.1.3　装配式建筑招标投标管理的最新地方法规

2017 年 11 月 20 日《江西省装配式建筑招标投标管理暂行办法》（简称《办法》）出台，有利于规范装配式建筑的招标投标。《办法》全文如下：

江西省装配式建筑招标投标管理暂行办法

第一条　为了促进装配式建筑的推广应用，规范其招投标活动，根据《中华人民共和国招标投标法》及相关法律、规章的规定和《国务院办公厅关于大力发展装配式建筑的指导意见》（国办发〔2016〕71 号）、《江西省人民政府关于推进装配式建筑发展的指导意见》（赣府发〔2016〕34 号）等文件的要求，现就我省装配式建筑项目的招标投标活动制定本办法。

第二条　我省全部使用国有资金投资或者国有资金投资占控股或者主导地位的装配式建筑项目，其招标投标活动适用本办法。

第三条　装配式建筑应按照国家、省相关规定进行认定。

第四条　装配式建筑发包方式应由项目审批、核准部门审批、核准；项目可行性研究报告或项目申请报告不需审批、核准的依法必须进行招标的装配式建筑项目，可按技术复杂项目采用邀请招标方式招标。

第五条　经核准招标方式为公开招标的，招标人可采取资格预审方式，除按照我省有关资格审查规定设置资格条件之外，可以根据项目具体情况将类似工程业绩、相应构件的生产能力、信息化管理水平等作为资格审查条件。

第六条　评标办法可以采用报价承诺法、合理低价法和综合评估法。评审因素除执行设计、施工招标相关规定外，可以根据项目特点相应增设装配式建筑项目技术实施方案、构件生产能力、装配式建筑项目设计、施工企业的信誉和业绩等评审因素。

第七条　招标人可按以下要求确定构件供应方式：一是构件供应商作为联合体成员参加投标，投标文件附分工明确的联合体协议。联合体各方应当共同与招标人签订合同，就中标项目向招标人承担连带责任。二是由中标人在中标后向构件供应商进行采购。

第八条　装配式建筑项目应积极采用工程总承包模式。装配式建筑项目采用总承包项目管理模式的，应满足以下要求：

（一）实行工程总承包方式招标的，招标人到相关职能部门办理相关手续。

（二）总承包单位的资质、项目负责人的资格以及再发包等要求按国家有关规定执行。

（三）采用工程总承包方式招标的，在需求统一、明确的前提下，由投标人根据给定的概念方案或设计方案（如有）、建设规模和建设标准，自行设计并依据设计成果编制估算工程量清单和报价。采用总价包干计价模式的，地下工程可不纳入总价包干范围，采用模拟工程量的单价合同，按实计量。

（四）采用工程总承包方式招标的，招标文件应提供完备、准确的水文、地勘、地形、工程可行性研究报告及其批复材料等基础资料,以保证投标方案的深度、准确度、针对性及对工程风险的合理评估。

同时明确以下招标需求:

1. 细化建设规模:房屋建筑工程包括地上建筑面积、地下建筑面积、层高、户型及户数、开间大小与比例、停车位数量或比例等。

2. 细化建设标准:房屋建筑工程包括天、地、墙各种装饰面材的材质种类、规格和品牌档次,机电系统包含的类别,机电设备材料的主要参数、指标和品牌档次,各区域末端设施的密度,以及室外工程;市政工程包括各种结构层、面层的构造方式、材质、厚度等。

3. 明确是否采取装配式建造方式、是否采用 BIM 技术等。

(五)采用工程总承包方式招标的,评标办法宜采用综合评估法,综合评估因素主要包括工程总承包报价、项目管理组织方案、勘察设计技术方案、设备采购方案、施工组织设计或者施工计划、质量安全保证措施、工程总承包项目业绩及信用等。

招标人应确定合理的招标时间,确保投标人有足够时间对招标文件进行仔细研究、核查招标人需求,进行必要的深化设计、风险评估和估算。

第九条　各有关部门要加强对国有投资装配式建筑项目招投标活动的监管,严格按照国家招标投标相关法规及"公开、公平、公正"的原则开展招标活动,不得借装配式建筑的名义随意改变招标范围、方式及法定程序,变相实施虚假招标,擅自设置或者增加不合理或者歧视性的资格条件,损害国家利益和他人合法权益。

第十条　本办法自印发之日起执行。

通过对以上《办法》内容的解读,应特别掌握以下几个要点,清楚认识到装配式建筑市场的发展趋势:

(1)公开招标,资格预审,可以根据项目具体情况将类似工程业绩、相应构件的生产能力、信息化管理水平等作为资格审查条件。

(2)评标办法可以采用报价承诺法、合理低价法和综合评估法。可以根据项目具体情况将类似工程业绩、相应构件的生产能力、信息化管理水平等作为资格审查条件。

(3)构件供应方式:一是构件供应商作为联合体成员参加投标,投标文件附分工明确的联合体协议。联合体各方应当共同与招标人签订合同,就中标项目向招标人承担连带责任。二是由中标人在中标后向构件供应商进行采购。

(4)应积极采用工程总承包模式。

(5)除常规的招标需求外,还需细化建设规模、细化建设标准、明确是否采取装配式建造方式、是否采用 BIM 技术等。

1.2　工程合同管理

合同是整个项目管理的核心,是建设工程项目管理的重要内容之一。

根据合同中的任务内容来划分,有勘察合同、设计合同、施工合同、物资采购合同、工程监理合同、咨询合同、代理合同等。根据《中华人民共和国合同法》的规定,勘察合同、设计合同、施工承包合同属于建设工程合同,工程监理合同、咨询合同等属于委托合同。

1.2.1　合同文本与履约

为规范建筑市场秩序,维护建设工程施工合同当事人的合法权益,住房和城乡建设部、国家工商行政管理总局对《建设工程施工合同(示范文本)》(GF-2013-0201)进行了修订,制定了《建设工程施工合同(示范文本)》(GF-2017-0201),自2017年10月1日起执行。合同管理主要运用《合同法》、《建设工程施工合同示范文本(GF-2017-0201)》有关知识,结合建筑工程项目合同管理的特点,介绍合同管理在建筑工程项目实践中的应用。

1.2.1.1 施工合同组成和优先顺序

施工合同示范文本一般由协议书、通用条款、专用条款组成。除合同外,一般还包括中标通知书,投标书及其附件,有关的标准、规范及技术文件、图纸、工程量清单、工程报价单或预算书等。

对合同文件的优先顺序有以下规定:

(1)合同文件解释优先顺序的规定。一般应把文件签署日期在后的和内容重要的排在前面,即更加优先。以下是合同通用条款规定的优先顺序:合同协议书;中标通知书;投标函及其附录;专用合同条款及其附件;通用合同条款;技术标准和要求;图纸;已标价工程量清单或预算书;其他合同文件。

(2)在合同订立及履行过程中形成的与合同有关的文件均构成合同文件组成部分。

(3)上述各项合同文件包括合同当事人就该项合同文件所做出的补充和修改,属于同一类内容的文件,应以最新签署的为准。专用合同条款及其附件须经合同当事人签字或盖章。

1.2.1.2 建设工程合同的合同价形式

2017版合同范本的价格形式分为单价合同、总价合同、其他价格形式。

1. 单价合同

单价合同是指合同当事人约定以工程量清单及其综合单价进行合同价格计算、调整和确认的建设工程施工合同,在约定的范围内合同单价不做调整。合同当事人应在专用合同条款中约定综合单价包含的风险范围和风险费用的计算方法,并约定风险范围以外的合同价格的调整方法,其中因市场价格波动引起的调整按市场价格波动引起的调整的约定执行。

2. 总价合同

总价合同是指合同当事人约定以施工图、已标价工程量清单或预算书及有关条件进行合同价格计算、调整和确认的建设工程施工合同,在约定的范围内合同总价不做调整。合同当事人应在专用合同条款中约定总价包含的风险范围和风险费用的计算方法,并约定风险范围以外的合同价格的调整方法,其中因市场价格波动引起的调整按市场价格波动引起的调整、因法律变化引起的调整按法律变化引起的调整的约定执行。

3. 其他价格形式

合同当事人可在专用合同条款中约定其他合同价格形式。

1.2.1.3 合同中关于价款的约定内容

发承包双方应在合同条款中对下列事项进行约定:

(1)预付工程款的数额、支付时间及抵扣方式。

(2)安全文明施工措施费的支付计划、使用要求等。

(3)工程计量与支付工程进度款的方式、数额及时间。

(4)工程价款的调整因素、方法、程序、支付及时间。

(5)施工索赔与现场签证的程序、金额确认与支付时间。

（6）承担计价风险的内容、范围，以及超出约定内容、范围的调整办法。

（7）工程竣工价款结算编制与核对、支付及时间。

（8）工程质量保证（保修）金的数额、预扣方式及时间。

（9）违约责任及发生工程价款争议的解决方法与时间。

（10）与履行合同、支付价款有关的其他事项等。

1.2.1.4　合同中发包人责任义务

1.许可或批准

发包人应遵守法律，并办理法律规定由其办理的许可、批准或备案，包括但不限于建设用地规划许可证、建设工程规划许可证、建设工程施工许可证，以及施工所需临时用水、临时用电、中断道路交通、临时占用土地等许可和批准。发包人应协助承包人办理法律规定的有关施工证件和批件。

因发包人原因未能及时办理完毕前述许可、批准或备案，由发包人承担由此增加的费用和（或）延误的工期，并支付承包人合理的利润。

发包人应要求在施工现场的发包人人员遵守法律及有关安全、质量、环境保护、文明施工等规定，并保障承包人免于承受因发包人人员未遵守上述要求给承包人造成的损失和责任。

发包人人员包括发包人代表及其他由发包人派驻施工现场的人员。

2.施工现场、施工条件和基础资料的提供

1）提供施工现场

除专用合同条款另有约定外，发包人应最迟于开工日期7天前向承包人移交施工现场。

2）提供施工条件

除专用合同条款另有约定外，发包人应负责提供施工所需要的条件，包括：

（1）将施工用水、电力、通信线路等施工所必需的条件接至施工现场内。

（2）保证向承包人提供正常施工所需要的进入施工现场的交通条件。

（3）协调处理施工现场周围地下管线和邻近建筑物、构筑物、古树名木的保护工作，并承担相关费用。

（4）按照专用合同条款约定应提供的其他设施和条件。

3）提供基础资料

发包人应当在移交施工现场前向承包人提供施工现场及工程施工所必需的毗邻区域内供水、排水、供电、供气、供热、通信、广播电视等地下管线资料，气象和水文观测资料，地质勘察资料，相邻建筑物、构筑物和地下工程等有关基础资料，并对所提供资料的真实性、准确性和完整性负责。

按照法律规定确需在开工后方能提供的基础资料，发包人应尽其努力及时地在相应工程施工前的合理期限内提供，合理期限应以不影响承包人的正常施工为限。

4）逾期提供的责任

因发包人原因未能按合同约定及时向承包人提供施工现场、施工条件、基础资料的，由发包人承担由此增加的费用和（或）延误的工期。

3.资金来源证明及支付担保、支付合同价款

除专用合同条款另有约定外，发包人应在收到承包人要求提供资金来源证明的书面通知后 28 天内,向承包人提供能够按照合同约定支付合同价款的相应资金来源证明。

除专用合同条款另有约定外,发包人要求承包人提供履约担保的,发包人应当向承包人提供支付担保。支付担保可以采用银行保函或担保公司担保等形式,具体由合同当事人在专用合同条款中约定。

发包人应按合同约定向承包人及时支付合同价款。

4. 现场统一管理协议和组织竣工验收

发包人应与承包人、由发包人直接发包的专业工程的承包人签订施工现场统一管理协议,明确各方的权利义务。施工现场统一管理协议作为专用合同条款的附件。

发包人应按合同约定及时组织竣工验收。

1.2.1.5 合同中承包人责任义务

1. 承包人的一般义务

承包人在履行合同过程中应遵守法律和工程建设标准规范,并履行以下义务:

(1)办理法律规定应由承包人办理的许可和批准,并将办理结果书面报送发包人留存。

(2)按法律规定和合同约定完成工程,并在保修期内承担保修义务。

(3)按法律规定和合同约定采取施工安全和环境保护措施,办理工伤保险,确保工程及人员、材料、设备和设施的安全。

(4)按合同约定的工作内容和施工进度要求,编制施工组织设计和施工措施计划,并对所有施工作业和施工方法的完备性和安全可靠性负责。

(5)在进行合同约定的各项工作时,不得侵害发包人与他人使用公用道路、水源、市政管网等公共设施的权利,避免对邻近的公共设施产生干扰。承包人占用或使用他人的施工场地,影响他人作业或生活的,应承担相应责任。

(6)按照环境保护的约定,负责施工场地及其周边环境与生态的保护工作。

(7)按安全文明施工的约定采取施工安全措施,确保工程及其人员、材料、设备和设施的安全,防止因工程施工造成的人身伤害和财产损失。

(8)将发包人按合同约定支付的各项价款专用于合同工程,且应及时支付其雇用人员工资,并及时向分包人支付合同价款。

(9)按照法律规定和合同约定编制竣工资料,完成竣工资料立卷及归档,并按专用合同条款约定的竣工资料的套数、内容、时间等要求移交发包人。

(10)应履行的其他义务。

2. 项目经理

(1)项目经理应为合同当事人所确认的人选,并在专用合同条款中明确项目经理的姓名、职称、注册执业证书编号、联系方式及授权范围等事项,项目经理经承包人授权后代表承包人负责履行合同。项目经理应是承包人正式聘用的员工,承包人应向发包人提交项目经理与承包人之间的劳动合同,以及承包人为项目经理缴纳社会保险的有效证明。承包人不提交上述文件的,项目经理无权履行职责,发包人有权要求更换项目经理,由此增加的费用和(或)延误的工期由承包人承担。

项目经理应常驻施工现场,且每月在施工现场时间不得少于专用合同条款约定的天数。项目经理不得同时担任其他项目的项目经理。项目经理确需离开施工现场时,应事先通知监理人,并取得发包人的书面同意。项目经理的通知中应当载明临时代行其职责的人员的注册执业资格、管理经验等资料,该人员应具备履行相应职责的能力。

承包人违反上述约定的,应按照专用合同条款的约定,承担违约责任。

(2)项目经理按合同约定组织工程实施。在紧急情况下为确保施工安全和人员安全,在无法与发包人代表和总监理工程师及时取得联系时,项目经理有权采取必要的措施保证与工程有关的人身、财产和工程的安全,但应在 48 小时内向发包人代表和总监理工程师提交书面报告。

(3)承包人需要更换项目经理的,应提前 14 天书面通知发包人和监理人,并征得发包人书面同意。通知中应当载明继任项目经理的注册执业资格、管理经验等资料,继任项目经理继续履行约定的职责。未经发包人书面同意,承包人不得擅自更换项目经理。承包人擅自更换项目经理的,应按照专用合同条款的约定承担违约责任。

(4)发包人有权书面通知承包人更换其认为不称职的项目经理,通知中应当载明要求更换的理由。承包人应在接到更换通知后 14 天内向发包人提出书面的改进报告。发包人收到改进报告后仍要求更换的,承包人应在接到第二次更换通知的 28 天内进行更换,并将新任命的项目经理的注册执业资格、管理经验等资料书面通知发包人。继任项目经理继续履行约定的职责。承包人无正当理由拒绝更换项目经理的,应按照专用合同条款的约定承担违约责任。

(5)项目经理因特殊情况授权其下属人员履行其某项工作职责的,该下属人员应具备履行相应职责的能力,并应提前 7 天将上述人员的姓名和授权范围书面通知监理人,并征得发包人书面同意。

3. 承包人人员

(1)除专用合同条款另有约定外,承包人应在接到开工通知后 7 天内,向监理人提交承包人项目管理机构及施工现场人员安排的报告,其内容应包括合同管理、施工、技术、材料、质量、安全、财务等主要施工管理人员名单及其岗位、注册执业资格等,以及各工种技术工人的安排情况,并同时提交主要施工管理人员与承包人之间的劳动关系证明和缴纳社会保险的有效证明。

(2)承包人派驻到施工现场的主要施工管理人员应相对稳定。施工过程中如有变动,承包人应及时向监理人提交施工现场人员变动情况的报告。承包人更换主要施工管理人员时,应提前 7 天书面通知监理人,并征得发包人书面同意。通知中应当载明继任人员的注册执业资格、管理经验等资料。

特殊工种作业人员均应持有相应的资格证明,监理人可以随时检查。

(3)发包人对于承包人主要施工管理人员的资格或能力有异意的,承包人应提供资料证明被质疑人员有能力完成其岗位工作或不存在发包人所质疑的情形。发包人要求撤换不能按照合同约定履行职责及义务的主要施工管理人员的,承包人应当撤换。承包人无正当理由拒绝撤换的,应按照专用合同条款的约定承担违约责任。

(4)除专用合同条款另有约定外,承包人的主要施工管理人员离开施工现场每月累计不超过 5 天的,应报监理人同意;离开施工现场每月累计超过 5 天的,应通知监理人,并征得发包人书面同意。主要施工管理人员离开施工现场前应指定一名有经验的人员临时代行其职责,该人员应具备履行相应职责的资格和能力,且应征得监理人或发包人的同意。

(5)承包人擅自更换主要施工管理人员,或前述人员未经监理人或发包人同意擅自离开施工现场的,应按照专用合同条款约定承担违约责任。

4. 承包人现场查勘

承包人应对基于发包人提交的基础资料所做出的解释和推断负责,但因基础资料存在错误、遗漏,导致承包人解释或推断失实的,由发包人承担责任。

承包人应对施工现场和施工条件进行查勘,并充分了解工程所在地的气象条件、交通条件、风俗习惯及其他与完成合同工作有关的其他资料。因承包人未能充分查勘、了解前述情况或未能充分估计前述情况所可能产生后果的,承包人承担由此增加的费用和(或)延误的工期。

5. 分包

1)分包的一般约定

承包人不得将其承包的全部工程转包给第三人,或将其承包的全部工程肢解后以分包的名义转包给第三人。承包人不得将工程主体结构、关键性工作及专用合同条款中禁止分包的专业工程分包给第三人,主体结构、关键性工作的范围由合同当事人按照法律规定在专用合同条款中予以明确。

承包人不得以劳务分包的名义转包或违法分包工程。

2)分包的确定

承包人应按专用合同条款的约定进行分包,确定分包人。已标价工程量清单或预算书中给定暂估价的专业工程,按照暂估价确定分包人。按照合同约定进行分包的,承包人应确保分包人具有相应的资质和能力。工程分包不减轻或免除承包人的责任和义务,承包人和分包人就分包工程向发包人承担连带责任。除合同另有约定外,承包人应在分包合同签订后7天内向发包人和监理人提交分包合同副本。

3)分包管理

承包人应向监理人提交分包人的主要施工管理人员表,并对分包人的施工人员进行实名制管理,包括但不限于进出场管理、登记造册及各种证照的办理。

4)分包合同价款

(1)除约定的情况或专用合同条款另有约定外,分包合同价款由承包人与分包人结算,未经承包人同意,发包人不得向分包人支付分包工程价款。

(2)生效法律文书要求发包人向分包人支付分包合同价款的,发包人有权从应付承包人工程款中扣除该部分款项。

5)分包合同权益的转让

分包人在分包合同项下的义务持续到缺陷责任期届满以后的,发包人有权在缺陷责任期届满前,要求承包人将其在分包合同项下的权益转让给发包人,承包人应当转让。除转让合同另有约定外,转让合同生效后,由分包人向发包人履行义务。

6. 工程照管与成品、半成品保护

(1)除专用合同条款另有约定外,自发包人向承包人移交施工现场之日起,承包人应负责照管工程及工程相关的材料、工程设备,直到颁发工程接收证书之日止。

(2)在承包人负责照管期间,因承包人原因造成工程、材料、工程设备损坏的,由承包人负责修复或更换,并承担由此增加的费用和(或)延误的工期。

(3)对合同内分期完成的成品和半成品,在工程接收证书颁发前,由承包人承担保护责任。因承包人原因造成成品或半成品损坏的,由承包人负责修复或更换,并承担由此增加的费用和(或)延误的工期。

7. 履约担保

发包人需要承包人提供履约担保的,由合同当事人在专用合同条款中约定履约担保的方式、金额及期限等。履约担保可以采用银行保函或担保公司担保等形式,具体由合同当事人在专用合同条款中约定。

因承包人原因导致工期延长的,继续提供履约担保所增加的费用由承包人承担;非因承包人原因导致工期延长的,继续提供履约担保所增加的费用由发包人承担。

1.2.2 合同风险防范

建筑安装市场实行的先定价后成交的期货式交易的特殊性决定了建筑安装行业的高风险性。本条主要知识点是:合同风险的类别和主要表现形式、合同风险防范要点及国际建筑工程项目合同风险防范措施。

1.2.2.1 合同风险的类别和主要表现形式

合同风险是合同中的不确定因素是由工程的复杂性决定的。它是工程风险、业主资信风险、外界环境风险的集中反映和体现。根据合同主体行为,可将其分为主观性合同风险和客观性合同风险。其主要表现形式如下:

(1)合同主体不合格。

(2)合同订立或招投标过程违反建设工程的法定程序。

(3)合同条款不完备或存在着单方面的约束性。

(4)签订固定总价合同或垫资合同。固定总价合同由于工程价格在工程实施期间不因价格变化而调整,承包人需承担由于工程材料价格波动和工程量变化所带来的风险。

(5)业主违约,拖欠工程款。

(6)履约过程中的变更、签证风险。

(7)业主指定分包单位或材料供应商。

1.2.2.2 合同风险防范要点

(1)诚信守法,规范建设工程合同行为。

(2)认真组织合同评审,选派高水平的人员参与谈判,加强合同风险的管理和控制。

(3)加强索赔管理,用索赔和反索赔来弥补或减少损失。

(4)转移风险,组建联合体,共担风险。

1.2.2.3 国际建筑工程项目合同风险防范措施

1. 项目所处的环境风险防范措施

(1)政治风险防范。政治风险主要指征收、战争、汇兑限制和政府违约。防范措施:特许协议必须得到东道国政府的正式批准,并对项目付款义务提供担保,向国家出口信用保险公司投保政治保险。

(2)市场和收益风险防范。市场和收益风险主要指市场价格的变化和付款。防范措施:在特许协议中,由东道国政府对项目付款义务提供担保。

(3)财经风险防范。财经风险主要指利率、汇率、外汇兑换率、外汇可兑换性等。防范措施:项目融资全部以美元贷款,通过远期外汇买卖、外汇掉期买卖、货币期权等金融工具进行汇率风险的规避。

（4）法律风险防范。法律风险主要指涉及土地法、税法、劳动法、环保法等法律、法规的更改和变化所引起的项目成本增加或收入减少等风险。防范措施：明确由于违约、歧义、争端的仲裁在第三国进行。

（5）不可抗力风险防范。不可抗力风险主要指自然灾害所带来的风险。防范措施：采取对所有可保险的不可抗力风险进行保险。

2. 项目实施中自身风险防范措施

（1）建设风险防范。建设风险主要指项目建设期间工程费用超支、工期延误、工程质量不合格等。防范措施：通过招标竞争选择有资信、有实力的承包商。在特许经营期的设计上，完工风险采用由东道国政府和项目公司共同承担。

（2）营运风险防范。营运风险主要指在整个营运期间承包商能力影响项目投资效益的风险。防范措施：运行维护委托专业化运行单位承包，降低运行故障及运行技术风险。

（3）技术风险防范。技术风险主要指设计、设备、施工所采用的标准、规范。防范措施：委托专业化的监理和建造单位在过程中严格控制施工质量和设备制造质量，关键技术采用国内成熟的设计、设备、施工技术。

第 2 节　工程变更、索赔

2.1　工程变更

2.1.1　工程变更与合同变更的关系

合同变更是指合同成立以后和履行完毕以前，由双方当事人依法对合同的内容所进行的修改。包括合同价款、工程内容、工程的数量、质量要求和标准、实施程序等的一切改变都属于合同变更。

工程变更一般是指在工程施工过程中，根据合同约定对施工的程序、工程的内容、工程的数量、质量要求及标准等做出的变更。

工程变更属于合同变更，合同变更主要是由于工程变更而引起的，合同变更的管理也主要是进行工程变更的管理。

2.1.2　合同示范文本对变更的规定

2.1.2.1　变更的范围

除专用合同条款另有约定外，合同履行过程中发生以下情形的，应按照本条约定进行变更：

（1）增加或减少合同中任何工作，或追加额外的工作。

（2）取消合同中任何工作，但转由他人实施的工作除外。

（3）改变合同中任何工作的质量标准或其他特性。

（4）改变工程的基线、标高、位置和尺寸。

（5）改变工程的时间安排或实施顺序。

2.1.2.2　变更权

发包人和监理人均可以提出变更。变更指示均通过监理人发出，监理人发出变更指示前应征得发包人同意。承包人收到经发包人签认的变更指示后，方可实施变更。未经许可，承包人不得擅自对工程的任何部分进行变更。

涉及设计变更的,应由设计人提供变更后的图纸和说明。当变更超过原设计标准或批准的建设规模时,发包人应及时办理规划、设计变更等审批手续。

2.1.2.3　变更程序

1. 发包人提出变更

发包人提出变更的,应通过监理人向承包人发出变更指示,变更指示应说明计划变更的工程范围和变更的内容。

2. 监理人提出变更建议

监理人提出变更建议的,需要向发包人以书面形式提出变更计划,说明计划变更工程范围和变更的内容、理由,以及实施该变更对合同价格和工期的影响。发包人同意变更的,由监理人向承包人发出变更指示。发包人不同意变更的,监理人无权擅自发出变更指示。

3. 变更执行

承包人收到监理人下达的变更指示后,认为不能执行,应立即提出不能执行该变更指示的理由。承包人认为可以执行变更的,应当书面说明实施该变更指示对合同价格和工期的影响,且合同当事人应当按照变更估价约定确定变更估价。

2.1.2.4　变更估价

1. 变更估价原则

除专用合同条款另有约定外,变更估价按照以下约定处理:

(1)已标价工程量清单或预算书中有相同项目的,按照相同项目单价认定。

(2)已标价工程量清单或预算书中无相同项目,但有类似项目的,参照类似项目的单价认定。

(3)变更导致实际完成的变更工程量与已标价工程量清单或预算书中列明的该项目工程量的变化幅度超过15%的,或已标价工程量清单或预算书中无相同项目及类似项目单价的,按照合理的成本与利润构成的原则,由合同当事人按照商定或确定的办法,确定变更工作的单价。

2. 变更估价程序

承包人应在收到变更指示后14天内,向监理人提交变更估价申请。监理人应在收到承包人提交的变更估价申请后7天内审查完毕并报送发包人,监理人对变更估价申请有异议,通知承包人修改后重新提交。发包人应在承包人提交变更估价申请后14天内审批完毕。发包人逾期未完成审批或未提出异议的,视为认可承包人提交的变更估价申请。

因变更引起的价格调整应计入最近一期的进度款中支付。

2.1.2.5　承包人的合理化建议

承包人提出合理化建议的,应向监理人提交合理化建议说明,说明建议的内容和理由,以及实施该建议对合同价格和工期的影响。

除专用合同条款另有约定外,监理人应在收到承包人提交的合理化建议后7天内审查完毕并报送发包人,发现其中存在技术上的缺陷,应通知承包人修改。发包人应在收到监理人报送的合理化建议后7天内审批完毕。合理化建议经发包人批准的,监理人应及时发出变更指示,由此引起的合同价格调整按照变更估价的约定执行。发包人不同意变更的,监理人应书面通知承包人。

合理化建议降低了合同价格或者提高了工程经济效益的,发包人可对承包人给予奖励,奖励的方法和金额在专用合同条款中约定。

2.1.2.6 变更引起的工期调整

因变更引起工期变化的,合同当事人均可要求调整合同工期,由合同当事人商定或确定的办法,并参考工程所在地的工期定额标准确定增减工期天数。

2.1.2.7 暂估价

暂估价专业分包工程、服务、材料和工程设备的明细由合同当事人在专用合同条款中约定。

1. 依法必须招标的暂估价项目

对于依法必须招标的暂估价项目,采取以下第 1 种方式确定。合同当事人也可以在专用合同条款中选择其他招标方式。

第 1 种方式:对于依法必须招标的暂估价项目,由承包人招标,对该暂估价项目的确认和批准按照以下约定执行:

(1)承包人应当根据施工进度计划,在招标工作启动前 14 天将招标方案通过监理人报送发包人审查,发包人应当在收到承包人报送的招标方案后 7 天内批准或提出修改意见。承包人应当按照经过发包人批准的招标方案开展招标工作。

(2)承包人应当根据施工进度计划,提前 14 天将招标文件通过监理人报送发包人审批,发包人应当在收到承包人报送的相关文件后 7 天内完成审批或提出修改意见;发包人有权确定招标控制价并按照法律规定参加评标。

(3)承包人与供应商、分包人在签订暂估价合同前,应当提前 7 天将确定的中标候选供应商或中标候选分包人的资料报送发包人,发包人应在收到资料后 3 天内与承包人共同确定中标人;承包人应当在签订合同后 7 天内,将暂估价合同副本报送发包人留存。

第 2 种方式:对于依法必须招标的暂估价项目,由发包人和承包人共同招标确定暂估价供应商或分包人的,承包人应按照施工进度计划,在招标工作启动前 14 天通知发包人,并提交暂估价招标方案和工作分工。发包人应在收到后 7 天内确认。确定中标人后,由发包人、承包人与中标人共同签订暂估价合同。

2. 不属于依法必须招标的暂估价项目

除专用合同条款另有约定外,对于不属于依法必须招标的暂估价项目,采取以下第 1 种方式确定:

第 1 种方式:对于不属于依法必须招标的暂估价项目,按本项约定确认和批准:

(1)承包人应根据施工进度计划,在签订暂估价项目的采购合同、分包合同前 28 天向监理人提出书面申请。监理人应当在收到申请后 3 天内报送发包人,发包人应当在收到申请后 14 天内给予批准或提出修改意见,发包人逾期未予批准或提出修改意见的,视为该书面申请已获得同意。

(2)发包人认为承包人确定的供应商、分包人无法满足工程质量或合同要求的,发包人可以要求承包人重新确定暂估价项目的供应商、分包人。

(3)承包人应当在签订暂估价合同后 7 天内,将暂估价合同副本报送发包人留存。

第 2 种方式:承包人按照依法必须招标的暂估价项目约定的第 1 种方式确定暂估价项目。

第 3 种方式:承包人直接实施的暂估价项目。

承包人具备实施暂估价项目的资格和条件的,经发包人和承包人协商一致后,可由承包人自行实施暂估价项目,合同当事人可以在专用合同条款中约定具体事项。

因发包人原因导致暂估价合同订立和履行迟延的,由此增加的费用和(或)延误的工期由发包人承担,并支付承包人合理的利润。因承包人原因导致暂估价合同订立和履行迟延的,由此增加的费用和(或)延误的工期由承包人承担。

2.1.2.8　暂列金额

暂列金额应按照发包人的要求使用,发包人的要求应通过监理人发出。合同当事人可以在专用合同条款中协商确定有关事项。

2.1.2.9　计日工

需要采用计日工方式的,经发包人同意后,由监理人通知承包人以计日工计价方式实施相应的工作,其价款按列入已标价工程量清单或预算书中的计日工计价项目及其单价进行计算;已标价工程量清单或预算书中无相应的计日工单价的,按照合理的成本与利润构成的原则,由合同当事人按照合同条款商定或确定计日工的单价。

采用计日工计价的任何一项工作,承包人应在该项工作实施过程中,每天提交以下报表和有关凭证报送监理人审查:

(1)工作名称、内容和数量。

(2)投入该工作的所有人员的姓名、专业、工种、级别和耗用工时。

(3)投入该工作的材料类别和数量。

(4)投入该工作的施工设备型号、台数和耗用台时。

(5)其他有关资料和凭证。

计日工由承包人汇总后,列入最近一期进度付款申请单,由监理人审查并经发包人批准后列入进度付款。

2.2　建设工程索赔

建设工程索赔通常是指在工程合同履行过程中,合同当事人一方因对方不履行或未能正确履行合同或者由于其他非自身因素而受到经济损失或权利损害,通过合同规定的程序向对方提出经济或时间补偿要求的行为。

在建设工程施工承包合同执行过程中,业主可以向承包商提出索赔要求,承包商也可以向业主提出索赔要求,即合同的双方都可以向对方提出索赔要求。当一方向另一方提出索赔要求,被索赔方应采取适当的反驳、应对和防范措施,这称为反索赔。

2.2.1　施工合同索赔的依据和证据

2.2.1.1　索赔的依据

索赔的依据主要有合同文件,法律、法规,工程建设惯例。

2.2.1.2　索赔的证据

索赔证据是指当事人用来支持其索赔成立或与索赔有关的证明文件和资料。索赔证据作为索赔文件的组成部分,在很大程度上关系到索赔的成功与否。证据不全、不足或没有证据,索赔是很难获得成功的。

在工程项目实施过程中,会产生大量的工程信息和资料,这些信息和资料是开展索赔的重要证据。因此,在施工过程中应该自始至终做好资料积累工作,建立完善的资料记录和科学管理制度,认真系统地积累和管理合同、质量、进度以及财务收支等方面的资料。

常见的索赔证据主要有:

(1)各种合同文件。包括施工合同协议书及其附件、中标通知书、投标书、标准和技术规范、图纸、工程量清单、工程报价单或者预算书、有关技术资料和要求、施工过程中的补充协议等。

(2)经过发包人或者工程师(监理人)批准的承包人的施工进度计划、施工方案、施工组织设计和现场实施情况记录。

(3)施工日记和现场记录,包括有关设计交底、设计变更、施工变更指令,工程材料和机械设备的采购、验收与使用等方面的凭证及材料供应清单、合格证书,工程现场水、电、道路等开通、封闭的记录,停水、停电等各种干扰事件的时间和影响记录等。

(4)工程有关照片和录像等。

(5)备忘录。对工程师(监理人)或业主的口头指示和电话应随时用书面记录,并给予书面确认。

(6)发包人或者工程师(监理人)签认的签证。

(7)工程各种往来函件、通知、答复等。

(8)工程各项会议纪要。

(9)发包人或者工程师(监理人)发布的各种书面指令和确认书,以及承包人的要求、请求、通知书等。

(10)气象报告和资料,如有关温度、风力、雨雪的资料。

(11)投标前发包人提供的参考资料和现场资料。

(12)各种验收报告和技术鉴定等。

(13)工程核算资料、财务报告、财务凭证等。

(14)其他,如官方发布的物价指数、汇率、规定等。

2.2.1.3 索赔证据的基本要求

索赔证据应该具有真实性、及时性、全面性、关联性、有效性。

2.2.1.4 索赔成立的条件

1.构成施工项目索赔条件的事件

索赔事件又称为干扰事件,是指那些使实际情况与合同规定不符合,最终引起工期和费用变化的各类事件。通常情况下,承包商可以提起索赔的事件如下:

(1)发包人违反合同给承包人造成时间、费用的损失。

(2)工程变更(含设计变更、发包人提出的工程变更、监理工程师提出的工程变更,以及承包人提出并经监理工程师批准的变更)造成的时间、费用损失。

(3)由于监理工程师对合同文件的歧义解释、技术资料不确切,或由于不可抗力导致施工条件的改变,造成了时间、费用的增加。

(4)发包人提出提前完成项目或缩短工期而造成承包人的费用增加。

(5)发包人延误支付期限造成承包人的损失。

(6)对合同规定以外的项目进行检验,且检验合格,或非承包人的原因导致项目缺陷的修复所发生的损失或费用。

（7）非承包人的原因导致工程暂时停工。

（8）物价上涨、法规变化及其他。

2．索赔成立的前提条件

索赔的成立，应该同时具备以下三个前提条件：

（1）与合同对照，事件已造成了承包人工程项目成本的额外支出或直接工期损失。

（2）造成费用增加或工期损失的原因，按合同约定不属于承包人的行为责任或风险责任。

（3）承包人按合同规定的程序和时间提交索赔意向通知和索赔报告。

以上三个条件必须同时具备，缺一不可。

2.2.2　施工合同索赔的程序

工程施工中承包人向发包人索赔、发包人向承包人索赔及分包人向承包人索赔的情况都有可能发生，以下主要说明承包人向发包人索赔的一般程序，索赔文件的审核和处理程序以及反索赔的主要内容。

2.2.2.1　索赔时限、期限和资料准备

1．索赔时限

（1）承包人应在知道或应当知道索赔事件发生后 28 天内，向监理人递交索赔意向通知书，并说明发生索赔事件的事由。承包人未在前述 28 天内发出索赔意向通知书的，丧失要求追加付款和（或）延长工期的权利。

（2）承包人应在发出索赔意向通知书后 28 天内，向监理人正式递交索赔通知书。索赔通知书应详细说明索赔理由以及要求追加的付款金额和（或）延长的工期，并附必要的记录和证明材料。

（3）索赔事件具有连续影响的，承包人应按合理时间间隔继续递交延续索赔通知，说明连续影响的实际情况和记录，列出累计的追加付款金额和（或）工期延长天数。

（4）在索赔事件影响结束后的 28 天内，承包人应向监理人递交最终索赔通知书，说明最终要求索赔的追加付款金额和延长的工期，并附必要的记录和证明材料。

发生发包人的索赔事件后，监理人应及时书面通知承包人，详细说明发包人有权得到的索赔金额和（或）延长缺陷责任期的细节和依据。发包人提出索赔的期限和要求与承包人提出索赔的期限和要求相同，延长缺陷责任期的通知应在缺陷责任期届满前发出。

2．提出索赔的期限

（1）承包人接收竣工付款证书后，应被视为已无权再提出在工程接收证书颁发前所发生的任何索赔。

（2）承包人提交的最终结清申请单中，只限于提出工程接收证书颁发后发生的索赔。提出索赔的期限自接受最终结清证书时终止。

3．索赔资料的准备

1）主要工作

（1）跟踪和调查干扰事件，掌握事件产生的详细经过。

（2）分析干扰事件产生的原因，划清各方责任，确定索赔根据。

（3）损失或损害调查分析与计算，确定工期索赔和费用索赔值。

（4）收集证据，获得充分而有效的各种证据。

（5）起草索赔文件（索赔报告）。

2）主要内容

（1）总述部分概要论述索赔事项发生的日期和过程；承包人为该索赔事项付出的努力和附加开支；承包人的具体索赔要求。

（2）论证部分是索赔报告的关键部分，其目的是说明自己有索赔权，是索赔能否成立的关键。

如果说索赔报告论证部分的任务是解决索赔权能否成立，款项计算部分是为解决能得多少款项。前者定性，后者定量。

证据部分要注意引用的每个证据的效力或可信程度，对重要的证据资料最好附以文字说明，或附以确认件。

3）注意问题

（1）责任分析应清楚、准确。应该强调：引起索赔的事件不是承包商的责任，事件具有不可预见性，事发以后尽管采取了有效措施也无法制止，索赔事件导致承包商工期拖延、费用增加的严重性，索赔事件与索赔额之间的直接因果关系等。

（2）索赔额的计算依据要准确，计算结果要准确。要用合同规定或法规规定的公认合理的计算方法，并进行适当的分析。

（3）提供充分有效的证据材料。

2.2.2.2 索赔文件的审核和处理程序

1. 索赔文件的审核

对于承包人向发包人的索赔请求，索赔文件应该交由工程师（监理人）审核。工程师（监理人）根据发包人的委托或授权，对承包人的索赔要求进行审核和质疑，其审核和质疑主要围绕以下几个方面：

（1）索赔事件是属于业主、监理工程师的责任还是第三方的责任。

（2）事实和合同的依据是否充分。

（3）承包商是否采取了适当的措施避免或减少损失。

（4）是否需要补充证据。

（5）索赔计算是否正确、合理。

2. 对承包人提出索赔的处理程序

（1）监理人收到承包人提交的索赔通知书后，应及时审查索赔通知书的内容、查验承包人的记录和证明材料，必要时监理人可要求承包人提交全部原始记录副本。

（2）监理人应商定或确定追加的付款和（或）延长的工期，并在收到上述索赔通知书或有关索赔的进一步证明材料后的42天内，将索赔处理结果答复承包人。

（3）承包人接受索赔处理结果的，发包人应在做出索赔处理结果答复后28天内完成赔付。承包人不接受索赔处理结果的，按合同约定的争议解决办法办理。

2.2.2.3 反索赔的主要内容

反索赔的主要内容可以包括两个方面：一是防止对方提出索赔，二是反击或反驳对方的索赔要求。

1. 防止对方提出索赔

要成功地防止对方提出索赔，应采取积极防御的策略：

（1）严格履行合同规定的各项义务，防止自己违约，并通过加强合同管理，使对方找不到索赔的理由和根据,使自己处于不会被索赔的地位。

(2)如果在工程实施过程中发生了干扰事件,则应立即着手研究和分析合同依据,收集证据,为提出索赔和反索赔做好两手准备。

2.反击或反驳对方的索赔要求

如果对方提出了索赔要求或索赔报告,则自己应采取各种措施来反击或反驳对方的索赔要求。常用的措施有:

(1)抓住对方的失误,直接向对方提出索赔,以对抗或平衡对方的索赔要求,以求在最终解决索赔时互相让步或者互不支付。

(2)针对对方的索赔报告,仔细、认真研究和分析,找出理由和证据,证明对方索赔要求或索赔报告中不符合实际和合同规定,没有合同依据或事实证据,索赔值计算不合理或不准确等情况,反击对方的不合理索赔要求,减轻自己的责任,使自己不受或少受损失。

2.2.2.4　对索赔报告的反击或反驳要点

对对方索赔报告的反击或反驳,一般可以从以下几个方面进行。

(1)索赔要求或报告的时限性。审查对方是否在干扰事件发生后的索赔时限内及时提出索赔要求或报告。

(2)索赔事件的真实性。

(3)干扰事件的原因、责任分析。如果干扰事件确实存在,则要通过对事件的调查分析,确定原因和责任。如果事件责任属于索赔者自己,则索赔不能成立,如果合同双方都有责任,则应按各自的责任大小分担损失。

(4)索赔理由分析。分析对方的索赔要求是否与合同条款或有关法规一致,所受损失是否属于非对方的原因造成。

(5)索赔证据分析。分析对方所提供的证据是否真实、有效、合法,是否能证明索赔要求成立。证据不足、不全、不当、没有法律证明效力或没有证据,索赔不能成立。

(6)索赔值审核。如果经过上述的各种分析、评价,仍不能从根本上否定对方的索赔要求,则必须对索赔报告中的索赔值进行认真、细致地审核,审核的重点是索赔值的计算方法是否合情合理,各种取费是否合理适度,有无重复计算,计算结果是否准确等。

第3节　工程计量与价格调整

3.1　工程计量

3.1.1　工程计量规则

工程量应当按照相关工程的现行国家计量规范规定的工程量计算规则计算,如《房屋建筑与装饰工程工程量计算规范》(GB 50584—2013)、《河南省预制装配式建筑工程补充定额》。工程计量可选择按月或按工程形象进度分段计量,具体计量周期在合同中约定。因承包人原因造成的超范围施工或返工的工程量,发包人不予计量。

3.1.2　工程计量原则和计量周期

3.1.2.1　计量原则

工程量计量按照合同约定的工程量计算规则、图纸及变更指示等进行计量。工程量计算规则应以相关的国家标准、行业标准等为依据,由合同当事人在专用合同条款中约定。

3.1.2.2　计量周期

除专用合同条款另有约定外,工程量的计量按月进行。

3.1.3　单价合同的计量

3.1.3.1　工程量清单中错误的处理

工程量计量时,若发现招标工程量清单中出现缺项、工程量偏差,或因工程变更引起工程量的增减,应按承包人在履行合同过程中实际完成的工程量计算。

3.1.3.2　提交和核实已完成工程量的时间

承包人应当按照合同约定的计量周期和时间,向发包人提交当期已完工程量报告。发包人应在收到报告后7天内核实,并将核实计量结果通知承包人。

发包人未在约定时间内进行核实的,则承包人提交的计量报告中所列的工程量视为承包人实际完成的工程量。

3.1.3.3　核实已完成工程量

发包人认为需要进行现场计量核实时,应在计量前24小时通知承包人,承包人应为计量提供便利条件并派人参加。

双方均同意核实结果时,则双方应在上述记录上签字确认。承包人收到通知后不派人参加计量,视为认可发包人的计量核实结果。

发包人不按照约定时间通知承包人,致使承包人未能派人参加计量,计量核实结果无效。

3.1.3.4　承包人对计量结果有异议的处理

(1)如承包人认为发包人的计量结果有误,应在收到计量结果通知后的7天内向发包人提出书面意见,并附上其认为正确的计量结果和详细的计算资料。

(2)发包人收到书面意见后,应对承包人的计量结果进行复核后通知承包人。

(3)承包人对复核计量结果仍有异议的,按照合同约定的争议解决办法处理。

3.1.3.5　对历次计量报表进行汇总

承包人完成已标价工程量清单中每个项目的工程量后,发包人应要求承包人派员共同对每个项目的历次计量报表进行汇总,以核实最终结算工程量。发承包双方应在汇总表上签字确认。

3.1.4　总价合同的计量

总价合同项目的计量和支付应以总价为基础,发承包双方应在合同中约定工程计量的形象目标或时间节点。承包人实际完成的工程量,是进行工程目标管理和控制进度支付的依据。

承包人应在合同约定的每个计量周期内,对已完成的工程进行计量,并向发包人提交达到工程形象目标完成的工程量和有关计量资料的报告。

发包人应在收到报告后7天内对承包人提交的上述资料进行复核,以确定实际完成的工程量和工程形象目标。对其有异议的,应通知承包人进行共同复核。

未在收到承包人提交的工程量报表后的7天内完成复核的,承包人提交的工程量报告中的工程量视为承包人实际完成的工程量。

除按照发包人工程变更规定引起的工程量增减外,总价合同各项目的工程量是承包人用于结算的最终工程量。

总价合同采用支付分解表计量支付的,可以按照约定进行计量,但合同价款按照支付分解表进行支付。

3.2　工程价格调整

3.2.1　价格调整的一般规定

3.2.1.1　价格调整的事项

以下事项(但不限于)发生,发承包双方应当按照合同的约定调整合同价款,包括法律法规变化、工程变更、项目特征描述不符、工程量清单缺项、工程量偏差、物价变化、暂估价、计日工、现场签证、不可抗力、提前竣工(赶工补偿)、误期赔偿、施工索赔、暂列金额、发承包双方约定的其他调整事项。

3.2.1.2　合同价款调增

出现合同价款调增事项(不含工程量偏差、计日工、现场签证、施工索赔)后的 14 天内,承包人应向发包人提交合同价款调增报告并附上相关资料,若承包人在 14 天内未提交合同价款调增报告,视为承包人对该事项不存在调整价款。

3.2.1.3　发包人核实合同价款调增报告

发包人应在收到承包人合同价款调增报告及相关资料之日起 14 天内对其核实,予以确认的应书面通知承包人。如有疑问,应向承包人提出协商意见。

发包人在收到合同价款调增报告之日起 14 天内未确认也未提出协商意见,视为承包人提交的合同价款调增报告已被发包人认可。发包人提出协商意见的,承包人应在收到协商意见后的 14 天内对其核实,予以确认的应书面通知发包人。

如承包人在收到发包人的协商意见后 14 天内既不确认也未提出不同意见,视为发包人提出的意见已被承包人认可。

如发包人与承包人对不同意见不能达成一致,只要不实质影响发承包双方履约的,双方应实施该结果,直到其按照合同争议的解决被改变。

3.2.1.4　合同价款调减

出现合同价款调减事项(不含工程量偏差、施工索赔)后的 14 天内,发包人应向承包人提交合同价款调减报告并附相关资料,若发包人在 14 天内未提交合同价款调减报告,视为发包人对该事项不存在调整价款。

3.2.1.5　确认调整的价款的支付

经发承包双方确认调整的合同价款,作为追加(减)合同价款,与工程进度款或结算款同期支付。

3.2.2　法律法规变化引起价格调整

3.2.2.1　调整合同价款的情形

招标工程以投标截止日前 28 天,非招标工程以合同签订前 28 天为基准日,其后国家的法律、法规、规章和政策发生变化引起工程造价增减变化的,发承包双方应当按照省级或行业建设主管部门或其授权的工程造价管理机构据此发布的规定调整合同价款。

3.2.2.2　不予调整合同价款情形

因承包人原因导致工期延误,且调整时间在合同工程原定竣工时间之后,不予调整合同价款。

3.2.3 工程变更引起价格调整

3.2.3.1 分部分项工程费调整

工程变更引起已标价工程量清单项目或其工程数量发生变化,应按照下列规定调整:

(1)已标价工程量清单中有适用于变更工程项目的,采用该项目的单价;但当工程变更导致该清单项目的工程数量发生变化,且工程量偏差超过15%,该项目单价应按照规定调整。

(2)已标价工程量清单中没有适用但有类似于变更工程项目的,可在合理范围内参照类似项目的单价。

(3)已标价工程量清单中没有适用也没有类似于变更工程项目的,由承包人根据变更工程资料、计量规则和计价办法、工程造价管理机构发布的信息价格和承包人报价浮动率提出变更工程项目的单价,报发包人确认后调整。承包人报价浮动率可按下列公式计算:

招标工程:　　　承包人报价浮动率 $L = (1 - 中标价/招标控制价) \times 100\%$

非招标工程:　　承包人报价浮动率 $L = (1 - 报价值/施工图预算) \times 100\%$

(4)已标价工程量清单中没有适用也没有类似于变更工程项目,且工程造价管理机构发布的信息价格缺价的,由承包人根据变更工程资料、计量规则、计价办法和通过市场调查等取得有合法依据的市场价格提出变更工程项目的单价,报发包人确认后调整。

3.2.3.2 措施项目费调整

工程变更引起施工方案改变,并使措施项目发生变化,承包人提出调整措施项目费的,应事先将拟实施的方案提交发包人确认,并详细说明与原方案措施项目相比的变化情况。拟实施的方案经发承包双方确认后执行。该情况下,应按照下列规定调整措施项目费:

(1)安全文明施工费,按照实际发生变化的措施项目调整。

(2)采用单价计算的措施项目。采用单价计算的措施项目费,按照实际发生变化的措施项目按有关规定确定单价。

(3)按总价(或系数)计算的措施项目。按总价(或系数)计算的措施项目费,按照实际发生变化的措施项目调整,但应考虑承包人报价浮动因素,即调整金额按照实际调整金额乘以承包人报价浮动率计算。

如果承包人未事先将拟实施的方案提交给发包人确认,则视为工程变更不引起措施项目费的调整或承包人放弃调整措施项目费的权利。

3.2.3.3 工程变更项目的综合单价调整

如果工程变更项目出现承包人在工程量清单中填报的综合单价与发包人招标控制价或施工图预算相应清单项目的综合单价偏差超过15%,则工程变更项目的综合单价可由发承包双方按照下列规定调整:

(1)当 $P_0 < P_1 \times (1 - L) \times (1 - 15\%)$ 时,该类项目的综合单价按照 $P_1 \times (1 - L) \times (1 - 15\%)$ 调整。

(2)当 $P_0 > P_1 \times (1 - L) \times (1 - 15\%)$ 时,该类项目的综合单价按照 $P_1 \times (1 + 15\%)$ 调整。

其中,P_0 为承包人在工程量清单中填报的综合单价;P_1 为发包人招标控制价或施工预算相应清单项目的综合单价;L 为承包人报价浮动率。

3.2.3.4　承包人合理的利润补偿

如果发包人提出的工程变更,因为非承包人原因删减了合同中的某项原定工作或工程,致使承包人发生的费用或(和)得到的收益不能被包括在其他已支付或应支付的项目中,也未被包含在任何替代的工作或工程中,则承包人有权提出并得到合理的利润补偿。

3.2.4　项目特征描述不符引起价格调整

发包人在招标工程量清单中对项目特征的描述,应被认为是准确的和全面的,并且与实际施工要求相符。承包人应按照发包人提供的工程量清单,根据其项目特征描述的内容及有关要求实施合同工程,直到其被改变。

合同履行期间,出现实际施工设计图纸(含设计变更)与招标工程量清单任一项目的特征描述不符,且该变化引起该项目的工程造价增减变化的,应按照实际施工的项目特征重新确定相应工程量清单项目的综合单价,计算调整的合同价款。

3.2.5　工程量清单缺项引起价格调整

合同履行期间,出现招标工程量清单项目缺项的,发承包双方应调整合同价款。

招标工程量清单中出现缺项,造成新增工程量清单项目的,应按照约定或规定确定单价,调整分部分项工程费。

由于招标工程量清单中分部分项工程出现缺项,引起措施项目发生变化的,应按照约定或规定,在承包人提交的实施方案被发包人批准后,计算调整的措施费用。

3.2.6　工程量偏差引起的价格调整

合同履行期间,出现工程量偏差,偏差比例达到一定程度,发承包双方应调整合同价款。需要调整综合单价的,应先按照其规定调整综合单价,再按照规定调整。

对于任一招标工程量清单项目,如果工程量偏差和工程变更等导致工程量偏差超过15%,调整的原则为:当工程量增加 15% 以上时,其增加部分的工程量的综合单价应予调低;当工程量减少 15% 以上时,减少后剩余部分的工程量的综合单价应予调高。此时,按下列公式调整结算分部分项工程费:

(1)当 $Q_1 > 1.15Q_0$ 时,$S = 1.15Q_0 \times P_0 + (Q_1 - 1.15Q_0) \times P_1$

(2)当 $Q_1 < 0.85Q_0$ 时,$S = Q_1 \times P_1$

式中　S——调整后的某一分部分项工程费结算价;

$\quad\quad Q_1$——最终完成的工程量;

$\quad\quad Q_0$——招标工程量清单中列出的工程量;

$\quad\quad P_1$——按照最终完成工程量重新调整后的综合单价;

$\quad\quad P_0$——承包人在工程量清单中填报的综合单价。

该变化引起相关措施项目相应发生变化,如按系数或单一总价方式计价的,工程量增加的措施项目费调增,工程量减少的措施项目费适当调减。

【例 4-1】　某工程项目招标工程量清单数量为 1 520 m³,施工中由于设计变更调增为1 824 m³,该项目招标控制价综合单价为 350 元,投标报价为 406 元,应如何调整?

解:1 824/1 520 = 120%,工程量增加超过 15%,需对单价做调整。

$$P_0 = P_1 \times (1 + 15\%) = 350 \times (1 + 15\%) = 402.50(元) < 406 元$$

该项目变更后的综合单价应调整为 402.50 元。

$$S = 1 520 \times (1 + 15\%) \times 406 + (1 824 - 1 520 \times 1.15) \times 402.50$$

$$= 709\ 688 + 76 \times 402.50 = 740\ 278(元)$$

3.2.7 物价变化引起价格调整

除专用合同条款另有约定外,市场价格波动超过合同当事人约定的范围,合同价格应当调整。合同当事人可以在专用合同条款中约定选择以下一种方式对合同价格进行调整。

3.2.7.1 采用价格指数进行价格调整

1. 价格调整公式

因人工、材料和设备等价格波动影响合同价格时,根据专用合同条款中约定的数据,按以下公式计算差额并调整合同价格:

$$\Delta P = P_0 \left[A + \left(B_1 \times \frac{F_{t1}}{F_{01}} + B_2 \times \frac{F_{t2}}{F_{02}} + B_3 \times \frac{F_{t3}}{F_{03}} + \cdots + B_n \times \frac{F_{tn}}{F_{0n}} \right) - 1 \right]$$

式中　　ΔP——需调整的价格差额;

　　　　P_0——约定的付款证书中承包人应得到的已完成工程量的金额,此项金额应不包括价格调整、不计质量保证金的扣留和支付、预付款的支付和扣回,约定的变更及其他金额已按现行价格计价的,也不计在内;

　　　　A——定值权重(不调部分的权重);

　　　　$B_1, B_2, B_3, \cdots, B_n$——各可调因子的变值权重(可调部分的权重),为各可调因子在签约合同价中所占的比例;

　　　　$F_{t1}, F_{t2}, F_{t3}, \cdots, F_{tn}$——各可调因子的现行价格指数,指约定的付款证书相关周期最后一天的前 42 天的各可调因子的价格指数;

　　　　$F_{01}, F_{02}, F_{03}, \cdots, F_{0n}$——各可调因子的基本价格指数,指基准日期的各可调因子的价格指数。

以上价格调整公式中的各可调因子、定值和变值权重,以及基本价格指数及其来源在投标函附录价格指数和权重表中约定,非招标订立的合同,由合同当事人在专用合同条款中约定。价格指数应首先采用工程造价管理机构发布的价格指数,无前述价格指数时,可采用工程造价管理机构发布的价格代替。

2. 暂时确定调整差额

在计算调整差额时无现行价格指数的,合同当事人同意暂用前次价格指数计算。实际价格指数有调整的,合同当事人进行相应调整。

3. 权重的调整

因变更导致合同约定的权重不合理时,按照商定或确定的权重执行。

4. 因承包人原因工期延误后的价格调整

因承包人原因未按期竣工的,对合同约定的竣工日期后继续施工的工程,在使用价格调整公式时,应采用计划竣工日期与实际竣工日期的两个价格指数中较低的一个作为现行价格指数。

【例 4-2】 某城区道路扩建项目进行施工招标,投标截止日期为 2011 年 8 月 1 日。通过评标确定中标人后,签订的施工合同总价为 80 000 万元,工程于 2011 年 9 月 20 日开工。施工合同中约定:工程价款结算时人工单价、钢材、水泥、沥青、砂石料,以及机具使用费采用价格指数法给承包商以调价补偿,各项权重系数及价格指数如表 4-1 所列。

表 4-1 工程调价因子权重系数及造价指数

项目	人工	钢材	水泥	沥青	砂石料	机具使用费	定值部分
权重系数	0.12	0.10	0.08	0.15	0.12	0.10	0.33
2011 年 7 月指数	91.70 元/日	78.95	106.97	99.92	114.57	115.18	—
2011 年 8 月指数	91.70 元/日	82.44	106.80	91.13	114.26	115.39	—
2011 年 9 月指数	91.70 元/日	86.53	108.11	91.09	114.03	115.41	—
2011 年 10 月指数	95.96 元/日	85.84	106.88	99.38	113.01	114.94	—
2011 年 11 月指数	95.96 元/日	86.75	107.27	91.66	116.08	114.91	—
2011 年 12 月指数	101.47 元/日	87.80	^128.37	91.85	126.26	116.41	—

2011 年 9~12 月工程完成金额如表 4-2 所列。

表 4-2 2011 年 9~12 月工程完成金额 （单位:万元）

支付项目	9 月	11 月	12 月
截至当月完成的清单子目价款	1 200	6 950	9 840
当月确认的变更金额(调价前)	0	−110	100
当月确认的索赔金额(调价前)	0	30	50

根据表 4-2 所列工程前 4 个月的完成情况,计算 11 月承包人完成的工程金额。

解:(1)计算 11 月完成的清单子目的合同价款:

$$6\ 950 - 3\ 510 = 3\ 440\ (万元)$$

(2)计算 11 月的价格调整金额:

①由于当月的变更和索赔金额不是按照现行价格计算的,所以应当计算在调价基数内。

②基准日为 2011 年 7 月 3 日,所以应当选取 7 月的价格指数作为各可调因子的基本价格指数。

③人工费缺少价格指数,可以用相应的人工单价代替。

$$\begin{aligned}价格调整金额 =&\ (3\ 440 - 110 + 30) \times [(0.33 + 0.12 \times 95.96/91.7 + 0.10 \times 86.75/\\
&78.95 + 0.08 \times 107.27/106.97 + 0.15 \times 99.66/99.92 + 0.12 \times 116.08/\\
&114.57 + 0.10 \times 114.91/115.18) - 1]\\
=&\ 3\ 360 \times 0.016\ 7 = 56.11(万元)\end{aligned}$$

(3)11 月承包人完成的工程金额 = 3 440 + 56.11 = 3 496.11(万元)。

3.2.7.2 采用造价信息进行价格调整

合同履行期间,因人工、材料、工程设备和机械台班价格波动影响合同价格时,人工、机械使用费按照国家或省、自治区、直辖市建设行政管理部门、行业建设管理部门或其授权的工程造价管理机构发布的人工、机械使用费系数进行调整;需要进行价格调整的材料,其单价和采购数量应由发包人审批,发包人确认需调整的材料单价及数量,作为调整合同价格的依据。

（1）人工单价发生变化且符合省级或行业建设主管部门发布的人工费调整规定,合同当事人应按省级或行业建设主管部门或其授权的工程造价管理机构发布的人工费等文件调整合同价格,但承包人对人工费或人工单价的报价高于发布价格的除外。

（2）材料、工程设备价格变化的价款调整按照发包人提供的基准价格,按以下风险范围规定执行:

①承包人在已标价工程量清单或预算书中载明材料单价低于基准价格的,除专用合同条款另有约定外,合同履行期间材料单价涨幅以基准价格为基础超过5%时,或材料单价跌幅以在已标价工程量清单或预算书中载明材料单价为基础超过5%时,其超过部分据实调整。

②承包人在已标价工程量清单或预算书中载明材料单价高于基准价格的,除专用合同条款另有约定外,合同履行期间材料单价跌幅以基准价格为基础超过5%时,材料单价涨幅以在已标价工程量清单或预算书中载明材料单价为基础超过5%时,其超过部分据实调整。

③承包人在已标价工程量清单或预算书中载明材料单价等于基准价格的,除专用合同条款另有约定外,合同履行期间材料单价涨跌幅以基准价格为基础超过±5%时,其超过部分据实调整。

④承包人应在采购材料前将采购数量和新的材料单价报发包人核对,发包人确认用于工程时,发包人应确认采购材料的数量和单价。发包人在收到承包人报送的确认资料后5天内不予答复的视为认可,作为调整合同价格的依据。未经发包人事先核对,承包人自行采购材料的,发包人有权不予调整合同价格。发包人同意的,可以调整合同价格。

前述基准价格是指由发包人在招标文件或专用合同条款中给定的材料、工程设备的价格,该价格原则上应当按照省级或行业建设主管部门或其授权的工程造价管理机构发布的信息价编制。

（3）施工机械台班单价或施工机械使用费发生变化超过省级或行业建设主管部门或其授权的工程造价管理机构规定的范围时,按规定调整合同价格。

【例4-3】 某施工项目合同中约定,承包人承担的钢筋价格风险幅度为±5%,超出部分依据《建设工程工程量清单计价规范》(GB 50500—2013)造价信息法调差。已知投标人投标价格、基准期发布价格分别为2 400元/t、2 200元/t,2015年12月、2016年7月的造价信息发布价分别为2 000元/t、2 600元/t。则该两月钢筋的实际结算价格应分别为多少?

解:（1）2015年12月信息价下降,应以较低的基准价基础计算合同约定的风险幅度值。

$$2\ 200 \times (1 - 5\%) = 2\ 090(元/t)$$

因此,钢筋每吨应下浮价格 = 2 090 - 2 000 = 90(元/t)。

2015年12月实际结算价格 = 2 400 - 90 = 2 310(元/t)。

（2）2016年7月信息价上涨,应以较高的投标价格为基础计算合同约定的风险幅度值。

$$2\ 400 \times (1 + 5\%) = 2\ 520(元/t)$$

因此,钢筋每吨应上调价格 = 2 600 - 2 520 = 80(元/t)。

2016年7月实际结算价格 = 2 400 + 80 = 2 480(元/t)。

3.2.8　暂估价价格调整

发包人在招标工程量清单中给定暂估价的材料、工程设备属于依法必须招标的,由发承包双方以招标的方式选择供应商。中标价格与招标工程量清单中所列的暂估价的差额以及相应的规费、税金等费用,应列入合同价格。

发包人在招标工程量清单中给定暂估价的材料和工程设备不属于依法必须招标的,由承包人按照合同约定采购。经发包人确认的材料和工程设备价格与招标工程量清单中所列的暂估价的差额以及相应的规费、税金等费用,应列入合同价格。

发包人在工程量清单中给定暂估价的专业工程不属于依法必须招标的,应按照工程变更有关规定确定专业工程价款。经确认的专业工程价款与招标工程量清单中所列的暂估价的差额,以及相应的规费、税金等费用,应列入合同价格。

发包人在招标工程量清单中给定暂估价的专业工程,依法必须招标的,应当由发承包双方依法组织招标选择专业分包人,并接受有管辖权的建设工程招标投标管理机构的监督。

除合同另有约定外,承包人不参与投标的专业工程分包招标,应由承包人作为招标人,但招标文件评标工作、评标结果应报送发包人批准。与组织招标工作有关的费用应当被认为已经包括在承包人的签约合同价(投标总报价)中。

承包人参加投标的专业工程分包招标,应由发包人作为招标人,与组织招标工作有关的费用由发包人承担。同等条件下,应优先选择承包人中标。

专业工程分包中标价格与招标工程量清单中所列的暂估价的差额,以及相应的规费、税金等费用,应列入合同价格。

3.2.9　计日工项目价格调整

发包人通知承包人以计日工方式实施的零星工作,承包人应予执行。

采用计日工计价的任何一项变更工作,承包人应在该项变更的实施过程中,每天提交以下报表和有关凭证送发包人复核:

(1)工作名称、内容和数量。

(2)投入该工作的所有人员的姓名、工种、级别和耗用工时。

(3)投入该工作的材料名称、类别和数量。

(4)投入该工作的施工设备型号、台数和耗用台时。

(5)发包人要求提交的其他资料和凭证。

任一计日工项目持续进行时,承包人应在该项工作实施结束后的24小时内,向发包人提交有计日工记录汇总的现场签证报告一式三份。发包人在收到承包人提交现场签证报告后的2天内予以确认并将其中一份返还给承包人,作为计日工计价和支付的依据。发包人逾期未确认也未提出修改意见的,视为承包人提交的现场签证报告已被发包人认可。

任一计日工项目实施结束。发包人应按照确认的计日工现场签证报告核实该类项目的工程数量,并根据核实的工程数量和承包人已标价工程量清单中的计日工单价计算,提出应付价款;已标价工程量清单中没有该类计日工单价的,由发承包双方按工程变更的规定商定计日工单价计算。

每个支付期末,承包人应按照有关规定向发包人提交本期间所有计日工记录的签证汇总表,以说明本期间自己认为有权得到的计日工价款,列入进度款支付。

3.2.10　现场签证引起价格调整

承包人应发包人要求完成合同以外的零星项目、非承包人责任事件等工作的,发包人应及时以书面形式向承包人发出指令,提供所需的相关资料;承包人在收到指令后,应及时向发包人提出现场签证要求。

承包人应在收到发包人指令后的 7 天内,向发包人提交现场签证报告,报告中应写明所需的人工、材料和施工机械台班的消耗量等内容。发包人应在收到现场签证报告后的 48 小时内对报告内容进行核实,予以确认或提出修改意见。发包人在收到承包人现场签证报告后的 48 小时内未确认也未提出修改意见的,视为承包人提交的现场签证报告已被发包人认可。

现场签证的工作如已有相应的计日工单价,则现场签证中应列明完成该类项目所需的人工、材料、工程设备和施工机械台班的数量。

如现场签证的工作没有相应的计日工单价,应在现场签证报告中列明完成该签证工作所需的人工、材料设备和施工机械台班的数量及其单价。

合同工程发生现场签证事项,未经发包人签证确认,承包人便擅自施工的,除非征得发包人同意,否则发生的费用由承包人承担。

现场签证工作完成后的 7 天内,承包人应按照现场签证内容计算价款,报送发包人确认后,作为追加合同价款,与工程进度款同期支付。

3.2.11 不可抗力引起价格调整

3.2.11.1 发包人承担的风险

(1)工程本身的损害、因工程损害导致第三方人员伤亡和财产损失,以及运至施工场地用于施工的材料和待安装的设备的损害。

(2)停工期间,承包人应发包人要求留在施工场地的必要的管理人员及保卫人员的费用。

(3)工程所需清理、修复费用。

3.2.11.2 承包人承担的风险

承包人的施工机械设备损坏及停工损失。

3.2.11.3 发包人、承包人共同承担的风险

发包人、承包人人员伤亡由其所在单位负责,并承担相应费用。

3.2.12 提前竣工或工程误期引起价格调整

3.2.12.1 提前竣工

发包人要求承包人提前竣工,应征得承包人同意后与承包人商定采取加快工程进度的措施,并修订合同工程进度计划。

合同工程提前竣工,发包人应承担承包人由此增加的费用,并按照合同约定向承包人支付提前竣工(赶工补偿)费。

发承包双方应在合同中约定提前竣工每日历天应补偿额度。除合同另有约定外,提前竣工补偿的最高限额为合同价款的 5%。此项费用列入竣工结算文件中,与结算款一并支付。

3.2.12.2 工程误期赔偿引起价格调整

如果承包人未按照合同约定施工,导致实际进度迟于计划进度的,发包人应要求承包人加快进度,实现合同工期。

合同工程发生误期,承包人应赔偿发包人由此造成的损失,并按照合同约定向发包人支付误期赔偿费。即使承包人支付误期赔偿费,也不能免除承包人按照合同约定应承担的任何责任和应履行的任何义务。

发承包双方应在合同中约定误期赔偿费,明确每日历天应赔额度。除合同另有约定外,误期赔偿费的最高限额为合同价款的 5%。误期赔偿费列入竣工结算文件中,在结算款中扣除。

如果在工程竣工之前,合同工程内的某单位工程已通过了竣工验收,且该单位工程接收证书中表明的竣工日期并未延误,而是合同工程的其他部分产生了工期延误,则误期赔偿费应按照已颁发工程接收证书的单位工程造价占合同价款的比例幅度予以扣减。

3.2.13　施工索赔引起价格调整

3.2.13.1　承包人可以选择要求的赔偿

承包人要求赔偿时,可以选择以下一项或几项方式获得赔偿:

(1)要求发包人支付实际发生的额外费用。

(2)要求发包人支付合理的预期利润。

(3)要求发包人按合同的约定支付违约金。

(4)顺延工期。

3.2.13.2　费用赔偿和工程延期的综合确定

若承包人的费用索赔与工期索赔要求相关联,发包人在做出费用索赔的批准决定时,应结合工程延期,综合做出费用赔偿和工程延期的决定。

3.2.13.3　承包人提出索赔的期限

发承包双方在按合同约定办理了竣工结算后,应被认为承包人已无权再提出竣工结算前所发生的任何索赔。承包人在提交的最终结清申请中,只限于提出竣工结算后的索赔,提出索赔的期限自发承包双方最终结清时终止。

3.2.13.4　发包人可以选择要求的赔偿

发包人要求赔偿时,可以选择以下一项或几项方式获得赔偿:

(1)要求承包人支付实际发生的额外费用。

(2)要求承包人按合同的约定支付违约金。

(3)延长质量缺陷修复期限。

《标准施工招标文件》(2007 年版)的通用合同条款中,按照引起索赔事件的原因不同,对一方当事人提出的索赔可能给予合理补偿工期、费用和(或)利润的情况,分别做出了相应的规定。其中引起承包人索赔的事件以及可能得到的合理补偿内容如表 4-3 所示。

表 4-3　《标准施工招标文件》中承包人的索赔事件及可补偿内容

序号	索赔事件	可补偿内容		
		工期	费用	利润
1	迟延提供图纸	√	√	√
2	施工中发现文物、古迹	√	√	
3	迟延提供施工场地	√	√	√
4	施工中遇到不利物质条件	√	√	
5	提前向承包人提供材料、工程设备		√	
6	发包人提供材料、工程设备不合格或迟延提供或变更交货地点	√	√	√

续表 4-3

序号	索赔事件	可补偿内容		
		工期	费用	利润
7	承包人依据发包人提供的错误资料导致测量放线错误	√	√	√
8	因发包人原因造成承包人员工伤事故		√	
9	因发包人原因造成工期延误	√	√	√
10	异常恶劣的气候条件导致工期延误	√		
11	承包人提前竣工		√	
12	发包人暂停施工造成工期延误	√	√	√
13	工程暂停后因发包人原因无法按时复工	√	√	√
14	因发包人原因导致承包人工程返工	√	√	√
15	监理人对已经覆盖的隐蔽工程要求重新检查且检查结果合格	√	√	√
16	因发包人提供的材料、工程设备造成工程不合格	√	√	√
17	承包人应监理人要求对材料、工程设备和工程重新检验且检验结果合格	√	√	√
18	基准日后法律的变化	√	√	
19	发包人在工程竣工前提前占用工程	√	√	√
20	因发包人的原因导致工程试运行失败		√	√
21	工程移交后因发包人原因出现新的缺陷或损坏的修复		√	√
22	工程移交后因发包人原因出现的缺陷修复后的试验和试运行		√	√
23	因不可抗力停工期间应监理人要求照管、清理、修复工程		√	
24	因不可抗力造成工期延误	√		
25	因发包人违约导致承包人暂停施工	√	√	

【例 4-4】 某施工合同约定,施工现场主导施工机械一台,由施工企业租得,台班单价为 300 元/台班,租赁费为 100 元/台班,人工工资为 40 元/工日,窝工补贴为 10 元/工日,以人工费为基数的综合费率为 35%。在施工过程中,发生了如下事件:

(1)出现异常恶劣天气导致工程停工 2 天,人员窝工 30 个工日。

(2)因恶劣天气导致场外道路中断,抢修道路用工 20 工日。

(3)场外大面积停电,停工 2 天,人员窝工 10 工日。为此,施工企业可向业主索赔费用为多少?

解:各事件处理结果如下:

(1)异常恶劣天气导致的停工通常不能进行费用索赔。

(2)抢修道路用工的索赔额 $= 20 \times 40 \times (1 + 35\%) = 1\,080$(元)

(3)停电导致的索赔额 $= 2 \times 100 + 10 \times 10 = 300$(元)

总索赔费用 $= 1\,080 + 300 = 1\,380$(元)

【例 4-5】 某外资贷款建设工程项目,业主与承包商按照 FIDIC《土木工程施工合同条件》签订了施工合同。施工合同专用条件规定:钢材、木材、水泥由业主供货到现场仓库,其他材料由承包商自行采购。

当工程施工至第五层框架柱钢筋绑扎时,因业主提供的钢筋未到,该项作业从 10 月 3 日至 10 月 16 日停工(该项作业的总时差为零)。

10 月 7 日至 10 月 9 日因停电、停水,第三层的砌砖停工(该项作业的总时差为 4 天)。

10 月 14 日至 10 月 17 日因砂浆搅拌机发生故障,第一层抹灰迟开工(该项作业的总时差为 4 天)。

为此,承包商于 10 月 20 日向工程师提交了一份索赔意向书,并于 10 月 25 日送交了一份工期、费用索赔计算书和索赔依据的详细材料。其计算书的主要内容如下:

1. 工期索赔(见表 4-4)

表 4-4　工期索赔单

1)框架柱绑扎钢筋　10 月 3 日至 10 月 16 日停工	14 天
2)砌砖　10 月 7 日至 10 月 9 日停工	3 天
3)抹灰　10 月 14 日至 10 月 17 日迟开工	4 天
总计请求顺延工期	21 天

2. 费用索赔(见表 4-5)

表 4-5　费用索赔单

1)窝工机械设备费	费用
一台塔吊	$14 \times 860 = 12\ 040$(元)
一台混凝土搅拌机	$14 \times 340 = 4\ 760$(元)
一台砂浆搅拌机	$7 \times 120 = 840$(元)
小计	17 640 元
2)窝工人工费	
扎筋	$35 \times 60 \times 14 = 29\ 400$(元)
砌砖	$30 \times 60 \times 3 = 5\ 400$(元)
抹灰	$35 \times 60 \times 4 = 8\ 400$(元)
小计	43 200 元
3)保函费延期补偿	$(15\ 000\ 000 \times 10\% \times 6\% / 365) \times 21 = 5\ 178.08$(元)
4)管理费增加	$(17\ 640 + 43\ 200 + 5\ 178.08) \times 15\% = 9\ 902.71$(元)
5)利润损失	$(17\ 640 + 43\ 200 + 5\ 178.08 + 9\ 902.71) \times 5\% = 3\ 796.04$(元)
费用索赔合计	79 716.83 元

问题:1. 承包商提出的工期索赔是否正确? 应予批准的工期索赔为多少天?

2. 假定经双方协商一致,窝工机械设备费索赔按台班单价的 60% 计;考虑对窝工人工应合理安排工人从事其他作业后的降效损失,窝工人工费索赔按每工日 35.00 元计;保函费计算方式合理;管理费、利润损失不予补偿。试确定费用索赔额。

答:1. 承包商提出的工期索赔不正确。

(1)框架柱绑扎钢筋停工 14 天,应予工期补偿。这是业主原因造成的,且该项作业位于关键线路上。

(2)砌砖停工,不予工期补偿。因为该项停工虽属于业主原因造成的,但该项作业不在关键线路上,且未超过工作总时差,对工期没有影响。

(3)抹灰停工,不予工期补偿,因为该项停工属于承包商自身原因造成的。

同意工期补偿:14 + 0 + 0 = 14(天)

2. 费用索赔审定(见表 4-6)。

表 4-6　费用索赔审定

1)窝工机械设备费	费用
一台塔吊	$14 \times 860 \times 60\% = 7\ 224$(元)
一台混凝土搅拌机	$14 \times 340 \times 60\% = 2\ 856$(元)
一台砂浆搅拌机	$3 \times 120 \times 60\% = 216$(元)
小计	$7\ 224 + 2\ 856 + 216 = 10\ 296$(元)
2)窝工人工费	
扎筋	$35 \times 35 \times 14 = 17\ 150$(元)
砌砖	$30 \times 35 \times 3 = 3\ 150$(元)
小计	$17\ 150 + 3\ 150 = 20\ 300$(元)
3)保函费延期补偿	$15\ 000\ 000 \times 10\% \times 6\%/365 \times 14 = 3\ 452.05$(元)
费用索赔合计	$10\ 296 + 20\ 300 + 3\ 452.05 = 34\ 048.05$(元)

【例 4-6】　某工程项目采用了单价施工合同。工程招标文件参考资料中提供的用砂地点距工地 4 km。但是开工后,检查该砂质量不符合要求,承包商只得从另一距工地 20 km 的供砂地点采购。而在一个关键工作面上又发生了 4 项临时停工事件:

事件 1:5 月 20～26 日承包商的施工设备出现了从未出现过的故障。

事件 2:应于 5 月 24 日交给承包商的后续图纸直到 6 月 10 日才交给承包商。

事件 3:6 月 7～12 日施工现场下了罕见的特大暴雨。

事件 4:6 月 11～14 日该地区的供电全面中断。

问题:1. 由于供砂距离增大,必然引起费用增加,承包商经过认真仔细计算后,在业主指令下达的第 3 天,向业主的造价工程师提交了将原用砂单价每立方米提高 5 元的索赔要求。该索赔要求是否成立?为什么?

2. 若承包商对业主原因造成窝工损失进行索赔时,要求设备窝工损失按台班价格计算,人工的窝工损失按日工资标准计算是否合理?如不合理,应怎样计算?

3. 承包商按规定的索赔程序针对上述 4 项临时停工事件向业主提出了索赔,试说明每项事件工期和费用索赔能否成立?为什么?

4. 试计算承包商应得到的工期和费用索赔是多少(如果费用索赔成立,则业主按 2 万元/天补偿给承包商)?

答:1. 因供砂距离增大提出的索赔不能被批准,理由是:

（1）承包商应对自己就招标文件的解释负责。

（2）承包商应对自己报价的正确性与完备性负责。

（3）作为一个有经验的承包商,可以通过现场踏勘确认招标文件参考资料中提供的用砂质量是否合格,若承包商没有通过现场踏勘发现用砂质量问题,其相关风险应由承包商承担。

2.不合理。因窝工闲置的设备按折旧费或停滞台班费或租赁费计算,不包括运转费部分;人工费损失应考虑这部分工作的工人调做其他工作时工效降低的损失费用;一般用工日单价乘以一个测算的降效系数计算这一部分损失,而且只按成本费用计算,不包括利润。

3.事件1:工期和费用索赔均不成立,因为设备故障属于承包商应承担的风险。

事件2:工期和费用索赔均成立,因为延误图纸交付时间属于业主应承担的风险。

事件3:特大暴雨属于双方共同的风险,工期索赔成立,设备和人工的窝工费用索赔不成立。

事件4:工期和费用索赔均成立,因为停电属于业主应承担的风险。

4.事件2:5月25日至6月9日,工期索赔14天,费用索赔14天×2万元/天=28万元。

事件3:6月10~12日,工期索赔3天。

事件4:6月13、14日,工期索赔2天,费用索赔2天×2万元/天=4万元。

合计:工期索赔19天,费用索赔32万元。

第4节　工程结算

4.1　建设工程结算

4.1.1　工程结算概念

工程结算是指对建设工程的发承包合同价款进行约定和依据合同约定进行工程预付款、工程进度款、工程竣工价款结算的活动。

工程结算应按合同约定办理,合同未做约定或约定不明的,发、承包双方应依照下列规定与文件协商处理:

（1）国家有关法律、法规和规章制度。

（2）国务院建设行政主管部门、省、自治区、直辖市或有关部门发布的工程造价计价标准、计价办法等有关规定。

（3）建设项目的合同、补充协议、变更签证和现场签证,以及经发、承包人认可的其他有效文件。

（4）其他可依据的材料。

4.1.2　工程结算的主要内容

工程结算主要包括竣工结算、分阶段结算、专业分包结算和合同中止结算。

（1）竣工结算。建设项目完工并经验收合格后,对所完成的建设项目进行的全面的工程结算。

（2）分阶段结算。在签订的施工承发包合同中,按工程特征划分为不同阶段实施和结算。该阶段合同工作内容已完成,经发包人或有关机构中间验收合格后,由承包人在原合同分阶段价格的基础上编制调整价格并提交发包人审核签认的工程价格,它是表达该工程不同阶段造价和工程价款结算依据的工程中间结算文件。

(3)专业分包结算。在签订的施工承发包合同或由发包人直接签订的分包工程合同中,按工程专业特征分类实施分包和结算。分包合同工作内容已完成,经总包人、发包人或有关机构对专业内容验收合格后,按合同的约定,由分包人在原合同价格基础上编制调整价格并提交总包人、发包人审核签认的工程价格,它是表达该专业分包工程造价和工程价款结算依据的工程分包结算文件。

(4)合同中止结算。工程实施过程中合同中止,对施工承发包合同中已完成且经验收合格的工程内容,经发包人、总包人或有关机构移交后,由承包人按原合同价格或合同约定的定价条款,参照有关计价规定编制合同中止价格,提交发包人或总包人审核签认的工程价格,它是表达该工程合同中止后已完成工程内容的造价和工作价款结算依据的工程经济文件。

4.2 工程合同价款的约定

4.2.1 工程合同价款约定的要求

招标工程的合同价款应当在规定时间内,依据招标文件、中标人的投标文件,由发包人与承包人订立书面合同约定。

非招标工程的合同价款依据审定的工程预(概)算书由发、承包人在合同中约定。

合同价款在合同中约定后,任何一方不得擅自改变。

4.2.2 工程合同价款约定的内容

发包人、承包人应当在合同条款中对涉及工程价款结算的下列事项进行约定:

(1)预付工程款的数额、支付时限及抵扣方式。

(2)工程进度款的支付方式、数额及时限。

(3)工程施工中发生变更时,工程价款的调整方法、索赔方式、时限要求及金额支付方式。

(4)发生工程价款纠纷的解决方法。

(5)约定承担风险的范围及幅度,以及超出约定范围和幅度的调整办法。

(6)工程竣工价款的结算与支付方式、数额及时限。

(7)工程质量保证(保修)金的数额、预扣方式及时限。

(8)安全措施和意外伤害保险费用。

(9)工期及工期提前或延后的奖惩办法。

(10)与履行合同、支付价款相关的担保事项。

4.3 工程计量与价款支付

4.3.1 工程预付款及计算

工程预付款是建设工程施工合同订立后由发包人按照合同约定,在正式开工前预先支付给承包人,用于购买工程施工所需的材料和组织施工机械、人员进场的价款。

4.3.1.1 工程预付款的支付时间

按照《建设工程价款结算暂行办法》的规定,在具备施工条件的前提下,发包人应在双方签订合同后的一个月内或不迟于约定的开工日期前的 7 天内预付工程款,发包人不按约定预付,承包人应在预付时间到期后 10 天内向发包人发出要求预付的通知,发包人收到通知后仍不按要求预付,承包人可在发出通知 14 天后停止施工,发包人应从约定应付之日起向承包人支付应付款的利息(利率按同期银行贷款利率计),并承担违约责任。

4.3.1.2　工程预付款额度

工程预付款额度,各地区、各部门的规定不完全相同,主要是保证施工所需材料和构件的正常储备。工程预付款额度一般是根据施工工期、建安工作量、主要材料和构件费用占建安工程费的比例,以及材料储备周期等因素经测算来确定。

1.百分比法

发包人根据工程的特点、工期长短、市场行情、供求规律等因素,招标时在合同中约定工程预付款的百分比。包工包料工程的预付款按合同约定拨付,原则上预付比例不低于合同金额(扣除暂列金额)的 10%,不高于合同金额(扣除暂列金额)的 30%。

2.公式计算法

公式计算法是根据主要材料占年度承包工程总价的比重,材料储备定额天数和年度施工天数等因素,通过公式计算预付款额度的一种方法。

其计算公式为

工程预付款数额=年度工程总价×材料比例(%)×材料储备定额天数/年度施工天数

$$(4\text{-}1)$$

式中:施工天数按 365 日历天计算;材料储备定额天数由当地材料供应的在途天数、加工天数、整理天数、供应间隔天数、保险天数等因素决定。

【例 4-7】　某工程合同总价为 5 000 万元,合同工期 180 天,材料费占合同总价的 60%,材料储备定额天数为 25 天。材料供应在途天数为 5 天。用公式计算法求得该工程的预付款应为多少万元?

解:预付款数额=5 000×60%/180×25=416.67(万元)。

4.3.1.3　工程预付款的扣回

发包单位拨付给承包单位的工程预付款属于预支性质,到了工程实施后,随着工程所需主要材料储备的逐步减少,应以抵充工程价款的方式陆续扣回,抵扣方式必须在合同中约定。扣款的方法有以下两种。

1.起扣点

可以从未施工工程尚需的主要材料及构件的价值相当于工程预付款数额时起扣,从每次结算工程价款中,按材料比重扣抵工程价款,竣工前全部扣清。其计算公式为

$$T = P - M/N \tag{4-2}$$

式中　T——起扣点,即工程预付款开始扣回时的累计完成工作量金额;

M——工程预付款限额;

N——主要材料所占比例;

P——承包工程价款总额。

该方法对承包人比较有利,最大限度地占用了发包人的流动资金,但是显然不利于发包人资金使用。

【例 4-8】　某工程合同总额为 200 万元,预付款为 20 万元,主要材料、构件所占的比例

为 50%,则起扣点为多少万元?

解:$T = P - M/N = 200 - 20/50\% = 160$(万元)。

2.按合同约定扣款

承发包双方也可在合同中约定扣回方法,一般是在承包人完成金额累计达到合同总价一定比例后,由承包人开始向发包人还款,发包人从每次应付给承包人的金额中扣回工程预付款,发包人至少在合同规定的完工期前将工程预付款的总金额逐次扣回。

4.3.2 期中支付

合同价款的期中支付,是指发包人在合同工程施工过程中,按照合同约定对付款周期内承包人完成的合同价款给予支付的款项,也就是工程进度款的结算支付,发承包双方应按照合同约定的时间、程序和方法,根据工程计量结果,办理期中价款结算,支付进度款。进度款支付周期,应与合同约定的工程计量周期一致。

4.3.2.1 期中支付价款的计算

1.已完工程的结算价款

已标价工程量清单中的单价项目,承包人应按工程计量确认的工程量与综合单价计算。综合单价发生调整的,以发承包双方确认调整的综合单价计算进度款。

已标价工程量清单中的总价项目,承包人应按合同中约定的进度款支付分解,分别列入进度款支付申请中的安全文明施工费和本周期应支付的总价项目的金额中。

2.结算价款的调整

承包人现场签证和得到发包人确认的索赔金额应列入本周期应增加的金额中。由发包人提供的材料、工程设备金额,应按发包人签约提供的单价和数量从进度款支付中扣除,列入本周期应扣减的金额中。

3.进度款的支付比例

进度款的支付比例按照合同约定,按期中结算价款总额计,不低于60%,不高于90%。

4.3.2.2 期中支付的文件

1.进度款支付申请

承包人应在每个计量周期到期后向发包人提交已完工程进度款支付申请一式四份,详细说明此周期认为有权得到的款额,包括发包人已完工程的价款。支付申请的内容包括:

(1)累计已完成的合同价款。

(2)累计已实际支付的合同价款。

(3)本周期合计完成的合同价款。

(4)本周期合计应扣减的金额。

(5)本周期实际支付的合同价款。

2.进度款支付证书

发包人应在收到申请后,根据计量结果和合同约定对申请内容予以核实,确认后向承包人出具进度款支付证书。若双方对某清单项目的计量结果出现争议,发包人应对无争议部分的工程计量结果向承包人出具进度款支付证书。

3.支付证书的修正

发现已签发的任何支付证书有错、漏或重复的数额,发包人有权予以修正,承包人也有权提出修正申请。经发承包双方复核同意修正的,应在本次到期的进度款中支付或扣除。

第 5 节　竣工验收

5.1　装配式建设项目竣工验收的范围和依据

装配式建设项目竣工验收是指由发包人、承包人和项目验收委员会,以项目批准的设计任务书和设计文件,以及国家或部门颁发的施工验收规范和质量检验标准为依据,按照一定的程序和手续,在项目建成并试生产合格后(工业生产性项目),对工程项目的总体进行检验和认证、综合评价和鉴定的活动。

按照我国建设程序的规定,装配式建设项目竣工验收是建设工程的最后阶段,是建设项目施工阶段和保修阶段的中间过程,是全面检验建设项目是否符合设计要求和工程质量检验标准的重要环节,审查投资使用是否合理的重要环节,是投资成果转入生产或使用的标志。只有经过竣工验收,装配式建设项目才能实现由承包人管理向发包人管理的过渡,它标志着建设投资成果投入生产或使用,对促进建设项目及时投产或交付使用、发挥投资效果、总结建设经验有着重要的作用。

5.1.1　装配式建设项目竣工验收的条件及范围

5.1.1.1　装配式建设项目竣工验收的条件

《建设工程质量管理条例》规定,建设工程竣工验收应当具备以下条件:

(1)完成建设工程设计和合同约定的各项内容,主要是指设计文件所确定的、在承包合同中载明的工作范围,也包括监理工程师签发的变更通知单中所确定的工作内容。

(2)有完整的技术档案和施工管理资料。

(3)有工程使用的主要建筑材料、建筑构配件和设备的进场试验报告。对建设工程使用的主要建筑材料、建筑构配件和设备的进场,除具有质量合格证明资料外,还应当有试验、检验报告。试验、检验报告中应当注明其规格、型号、用于工程的哪些部位、批量批次、性能等技术指标,其质量要求必须符合国家规定的标准。

(4)有勘察、设计、施工、工程监理等单位分别签署的质量合格文件。勘察、设计、施工、工程监理等有关单位依据工程设计文件及承包合同所要求的质量标准,对竣工工程进行检查和评定,符合规定的,签署合格文件。

(5)有施工单位签署的工程保修书。

5.1.1.2　装配式建设项目竣工验收的范围

国家颁布的建设法规规定,凡新建、扩建、改建的基本建设项目和技术改造项目(所有列入固定资产投资计划的建设项目或单项工程),已按国家批准的设计文件所规定的内容建成,符合验收标准,即工业投资项目经负荷试车考核,试生产期间能够正常生产出合格产品,形成生产能力的;非工业投资项目符合设计要求,能够正常使用的,不论属于哪种建设性质,都应及时组织验收,办理固定资产移交手续。

有的工期较长、建设设备装置较多的大型工程,为了及时发挥其经济效益,对其能够独立生产的单项工程,也可以根据建成时间的先后顺序,分期分批地组织竣工验收;能生产中间产品的一些单项工程,不能提前投料试车,可按生产要求与生产最终产品的工程同步建成竣工后,再全部进行验收。

对于某些特殊情况,工程施工虽未全部按设计要求完成,也应进行验收,这些特殊情况主要有:

(1)因少数非主要设备或某些特殊材料短期内不能解决,虽然工程内容尚未全部完成,但已可以投产或使用的工程项目。

(2)规定要求的内容已完成,但因外部条件的制约,如流动资金不足、生产所需原材料不能满足等,而使已建工程不能投入使用的项目。

(3)有些建设项目或单项工程已形成部分生产能力,但近期内不能按原设计规模续建,应从实际情况出发,经主管部门批准后,可缩小规模对已完成的工程和设备组织竣工验收,移交固定资产。

5.1.2 装配式建设项目竣工验收的依据和标准

5.1.2.1 装配式建设项目竣工验收的依据

装配式建设项目竣工验收的主要依据包括:

(1)上级主管部门对该项目批准的各种文件。

(2)可行性研究报告。

(3)施工图设计文件及设计变更洽商记录。

(4)国家颁布的各种标准和现行的施工验收规范。

(5)工程承包合同文件。

(6)技术设备说明书。

(7)建筑安装工程统一规定及主管部门关于工程竣工的规定。

(8)从国外引进的新技术和成套设备的项目,以及中外合资建设项目,要按照签订的合同和进口国提供的设计文件等进行验收。

(9)利用世界银行等国际金融机构贷款的建设项目,应按世界银行规定,按时编制项目完成报告。

5.1.2.2 装配式建设项目竣工验收的标准

1.工业装配式建设项目竣工验收标准

根据国家规定,工业建设项目竣工验收、交付生产使用,必须满足以下要求:

(1)生产性项目和辅助性公用设施,已按设计要求完成,能满足生产使用。

(2)主要工艺设备配套经联动负荷试车合格,形成生产能力,能够生产出设计文件所规定的产品。

(3)有必要的生活设施,并已按设计要求建成合格。

(4)生产准备工作能适应投产的需要。

(5)环境保护设施、劳动、安全、卫生设施,消防设施已按设计要求与主体工程同时建成使用。

(6)设计和施工质量已经过质量监督部门检验并做出评定。

(7)工程结算和竣工决算通过有关部门审查和审计。

2.装配式民用建设项目竣工验收标准

(1)建设项目各单位工程和单项工程,均已符合项目竣工验收标准。

(2)建设项目配套工程和附属工程,均已施工结束,达到设计规定的相应质量要求,并具备正常使用条件。

5.1.3 装配式建设项目竣工验收的内容

不同的建设项目竣工验收的内容可能有所不同,但一般包括工程资料验收和工程内容验收两部分。

5.1.3.1 工程资料验收

工程资料验收包括工程技术资料、工程综合资料和工程财务资料验收三个方面的内容。

5.1.3.2 工程内容验收

工程内容验收包括建筑工程验收和安装工程验收。

1.建筑工程验收

建筑工程验收主要是如何运用有关资料进行审查验收,主要包括:

(1)建筑物的位置、标高、轴线是否符合设计要求。

(2)对基础工程中的土石方工程、垫层工程、砌筑工程等资料的审查验收。

(3)对结构工程中的砖木结构、砖混结构、内浇外砌结构、钢筋混凝土结构的审查验收。

(4)对屋面工程的屋面瓦、保温层、防水层等的审查验收。

(5)对门窗工程的审查验收。

(6)对装饰工程的审查验收(抹灰、油漆等工程)。

2.安装工程验收

安装工程验收分为建筑设备安装工程、工艺设备安装工程和动力设备安装工程验收。主要包括:

(1)建筑设备安装工程(指民用建筑物中的上下水管道、暖气、天然气或煤气、通风、电气照明等安装工程)。验收时,应检查这些设备的规格、型号、数量、质量是否符合设计要求,检查安装时的材料、材质、材种,检查试压、闭水试验、照明情况。

(2)工艺设备安装工程。包括生产、起重、传动、试验等设备的安装,以及附属管线敷设和油漆、保温等。验收时,应检查设备的规格、型号、数量、质量、设备安装的位置、标高、机座尺寸、质量、单机试车、无负荷联动试车、有负荷联动试车是否符合设计要求,检查管道的焊接质量,以及清洗、吹扫、试压、试漏、油漆、保温及各种阀门的情况。

(3)动力设备安装工程。功力设备安装工程验收是指有自备电厂的项目的验收,或变配电室(所)、动力配电线路的验收。

5.2 装配式建设项目竣工验收的方式与程序

5.2.1 装配式建设项目竣工验收的组织

5.2.1.1 成立竣工验收委员会或验收组

大中型和限额以上建设项目及技术改造项目,由国家发展和改革委员会或国家发展和改革委员会委托项目主管部门、地方政府部门组织验收;小型和限额以下建设项目及技术改造项目,由项目主管部门或地方政府部门组织验收。建设主管部门和建设单位(业主)、接管单位、施工单位、勘察设计及工程监理等有关单位参加验收工作;根据工程规模大小和复杂程度组成验收委员会或验收组,其人员构成应包括银行、物资、环保、劳动、统计、消防及其他有关部门的专业技术人员和专家。

5.2.1.2 验收委员会或验收组的职责

(1)负责审查工程建设的各个环节,听取各有关单位的工作报告。

（2）审阅工程档案资料，实地考察建筑工程和设备安装工程情况。

（3）对工程设计、施工和设备质量、环境保护、安全卫生、消防等方面客观地做出全面的评价。

（4）处理交接验收过程中出现的有关问题，核定移交工程清单，签订交工验收证书。

（5）签署验收意见，对遗留问题应提出具体解决意见并限期落实完成。不合格工程不予验收，并提出竣工验收工作的总结报告和国家验收鉴定书。

5.2.2　装配式建设项目竣工验收的方式

为了保证装配式建设项目竣工验收的顺利进行，验收必须遵循一定的程序，并按照建设项目总体计划的要求及施工进展的实际情况分阶段进行。建设项目竣工验收，按被验收的对象划分，可分为单位工程验收、单项工程验收及工程整体验收（称为动用验收），见表4-7。

表 4-7　不同阶段的工程验收

类型	验收条件	验收组织
单位工程验收（中间验收）	1.按照施工承包合同的约定，施工完成到某一阶段后要进行中间验收； 2.主要的工程部位施工已完成了隐蔽前的准备工作，该工程部位将置于无法查看的状态	由监理单位组织，业主和承包商派人参加，该部位的验收资料将作为最终验收的依据
单项工程验收（交工验收）	1.建设项目中的某个合同工程已全部完成； 2.合同内约定有分部分项移交的工程已达到竣工标准，可移交给业主投入试运行	由业主组织，会同施工单位、监理单位、设计单位及使用单位等有关部门共同进行
工程整体验收（动用验收）	1.建设项目按设计规定全部建成，达到竣工验收条件； 2.初验结果全部合格； 3.竣工验收所需资料已准备齐全	大中型和限额以上项目由国家发改委或由其委托项目主管部门或地方政府部门组织验收；小型和限额以下项目由项目主管部门组织验收；业主、监理单位、施工单位、设计单位和使用单位参加验收工作

5.3　建设项目竣工验收管理与备案

5.3.1　竣工验收报告

建设项目竣工验收合格后，建设单位应当及时提出工程竣工验收报告。工程竣工验收报告主要包括工程概况，建设单位执行基本建设程序情况，对工程勘察、设计、施工、监理等方面的评价，工程竣工验收时间、程序、内容和组织形式，工程竣工验收意见等内容。

工程竣工验收报告还应附有下列文件：

（1）施工许可证。

（2）施工图设计文件审查意见。

（3）验收组人员签署的工程竣工验收意见。

（4）市政基础设施工程应附有质量检测和功能性试验资料。

（5）施工单位签署的工程质量保修书。

（6）法规、规章规定的其他有关文件。

5.3.2　竣工验收的管理

（1）国务院建设行政主管部门负责全国工程竣工验收的监督管理工作。

（2）县级以上地方人民政府建设行政主管部门负责本行政区域内工程竣工验收监督管理工作。

（3）工程竣工验收工作，由建设单位负责组织实施。

（4）县级以上地方人民政府建设行政主管部门应当委托工程质量监督机构对工程竣工验收实施监督。

（5）负责监督该工程的工程质量监督机构应当对工程竣工验收的组织形式、验收程序、执行验收标准等情况进行现场监督，发现有违反建设工程项目质量管理规定行为的，责令改正，并将对工程竣工验收的监督情况作为工程质量监督报告的重要内容。

5.3.3　竣工验收的备案

（1）国务院建设行政主管部门负责全国房屋建筑工程和市政基础设施工程的竣工验收备案管理工作。县级以上地方人民政府建设行政主管部门负责本行政区域内工程的竣工验收备案管理工作。

（2）建设单位应当自工程竣工验收合格之日起 15 日内，依照《房屋建筑工程和市政基础设施工程竣工验收备案管理暂行办法》的规定，向工程所在地的县级以上地方人民政府建设行政主管部门备案。

（3）建设单位办理工程竣工验收备案应当提交下列文件：

①工程竣工验收备案表。

②工程竣工验收报告。竣工验收报告应当包括工程报建日期，施工许可证号，施工图设计文件审查意见，勘察、设计、施工、工程监理等单位分别签署的质量合格文件及验收人员签署的竣工验收原始文件，市政基础设施的有关质量检测和功能性试验资料，以及备案机关认为需要提供的有关资料。

③法律、行政法规规定应当由规划、公安消防、环保等部门出具的认可文件或准许使用文件。

④施工单位签署的工程质量保修书；商品住宅还应当提交"住宅质量保证书"和"住宅使用说明书"。

⑤法规、规章规定必须提供的其他文件。

（4）备案机关收到建设单位报送的竣工验收备案文件，验证文件齐全后，应当在工程竣工验收备案表上签署文件收讫。工程竣工验收备案表一式二份，一份由建设单位保存，另一份留备案机关存档。

（5）工程质量监督机构应当在工程竣工验收之日起 5 日内，向备案机关提交工程质量监督报告。

(6)备案机关发现建设单位在竣工验收过程中有违反国家有关建设工程质量管理规定行为的,应当在收讫竣工验收备案文件15日内,责令停止使用,重新组织竣工验收。

第6节 竣工决算

6.1 建设项目竣工决算的概念及作用

6.1.1 建设项目竣工决算的概念

项目竣工决算是指所有项目竣工后,项目单位按照国家有关规定在项目竣工验收阶段编制的竣工决算报告。竣工决算是以实物数量和货币指标为计量单位,综合反映竣工项目从筹建开始到项目竣工交付使用为止的全部建设费用、建设成果和财务情况的总结性文件,是竣工验收报告的重要组成部分,竣工决算是正确核定新增固定资产价值、考核分析投资效果、建立健全经济责任制的依据,是反映建设项目实际造价和投资效果的文件。竣工决算是建设工程经济效益的全面反映,是项目法人核定各类新增资产价值、办理其交付使用的依据。竣工决算是工程造价管理的重要组成部分,做好竣工决算是全面完成工程造价管理目标的关键性因素之一。通过竣工决算,既能够正确反映建设工程的实际造价和投资结果;又可以通过竣工决算与概算、预算的对比分析,考核投资控制的工作成效,为工程建设提供重要的技术经济方面的基础资料,提高未来工程建设的投资效益。

项目竣工时,应编制建设项目竣工财务决算。建设周期长、建设内容多的项目,单项工程竣工,具备交付使用条件的,可编制单项工程竣工财务决算。建设项目全部竣工后应编制竣工财务总决算。

6.1.2 建设项目竣工决算的作用

(1)建设项目竣工决算是综合、全面反映竣工项目建设成果及财务情况的总结性文件,它采用货币指标、实物数量、建设工期和各种技术经济指标综合、全面地反映建设项目自开始建设到竣工为止全部建设成果和财务状况。

(2)建设项目竣工决算是办理交付使用资产的依据,也是竣工验收报告的重要组成部分。建设单位与使用单位在办理交付资产的验收交接手续时,通过竣工决算反映了交付使用资产的全部价值,包括固定资产、流动资产、无形资产和其他资产的价值。及时编制竣工决算可以正确核定固定资产价值并及时办理交付使用,可缩短工程建设周期,节约建设项目投资,准确考核和分析投资效果,为确定建设单位新增固定资产价值提供依据。在竣工决算中,详细地计算了建设项目所有的建安费、设备购置费、其他工程建设费等新增固定资产总额及流动资金,可作为建设主管部门向企业使用单位移交财产的依据。

(3)建设项目竣工决算是分析和检查设计概算的执行情况,考核建设项目管理水平和投资效果的依据。竣工决算反映了竣工项目计划、实际的建设规模、建设工期以及设计和实际的生产能力,反映了概算总投资和实际的建设成本,还反映了所达到的主要技术经济指标。通过对这些指标计划数、概算数与实际数进行对比分析,不仅可以全面掌握建设项目计划和概算执行情况,而且可以考核建设项目投资效果,为今后制订建设项目计划,降低建设成本,提高投资效果提供必要的参考资料。

6.2 竣工决算的内容和编制

6.2.1 竣工决算的内容

建设项目竣工决算应包括从筹集到竣工投产全过程的全部实际费用,即包括建筑工程费、安装工程费、设备工器具购置费用及预备费等费用。根据财政部、国家发展和改革委员会和住房和城乡建设部的有关文件规定,竣工决算由竣工财务决算说明书、竣工财务决算报表、工程竣工图和工程竣工造价对比分析四部分组成。其中,竣工财务决算说明书和竣工财务决算报表两部分又称为建设项目竣工财务决算,是竣工决算的核心内容。

6.2.1.1 竣工财务决算说明书

竣工财务决算说明书主要反映竣工工程建设成果和经验,是对竣工决算报表进行分析和补充说明的文件,是全面考核分析工程投资与造价的书面总结,是竣工决算报告的重要组成部分,其内容主要包括:

(1)基本建设项目概况。一般从进度、质量、安全和造价方面进行分析说明。进度方面主要说明开工和竣工时间,对照合理工期和要求工期分析是提前还是延期;质量方面主要根据竣工验收委员会或相当一级质量监督部门的验收评定等级、合格率和优良品率;安全方面主要根据劳动工资和施工部门的记录,对有无设备和人身事故进行说明;造价方面主要对照概算造价,说明节约或超支的情况,用金额和百分数进行分析说明。

(2)会计账务的处理、财产物资清理及债权债务的清偿情况。

(3)基建结余资金等分配情况。

(4)主要技术经济指标的分析、计算情况。概算执行情况分析,根据实际投资完成额与概算进行对比分析;新增生产能力的效益分析,说明交付使用财产占总投资额的比例、占支付使用财产的比例,不增加固定资产的造价占投资总额的比例,分析有机构成和成果。

(5)基本建设项目管理及决算中存在的问题、建议。

(6)决算与概算的差异和原因分析。

(7)需要说明的其他事项。

6.2.1.2 竣工财务决算报表

根据《财政部关于印发〈基本建设财务管理规定〉的通知》(财基〔2002〕394号)的规定,大、中型建设项目和小型建设项目的基本建设竣工财务决算采用不同的审批制度。在中央级项目中,大、中型建设项目(经营性项目投资额在5 000万元以上、非经营性项目投资额的3 000万元以上的建设项目)竣工财务决算,经主管部门审核后报财政部审批。属国家确定的重点小型建设项目,其竣工财务决算经主管部门审核后报财政部审批,或由财政部授权主管部门审批;其他小型建设项目竣工财务决算报主管部门审批。地方级基本建设项目竣工财务决算的报批,由各省、自治区、直辖市、计划单列市财政厅(局)确定。建设项目竣工决算报表包括基本建设项目概况表、基本建设项目竣工财务决算表、基本建设项目交付使用资产总表、基本建设项目交付使用资产明细表等。

1.基本建设项目概况表(见表4-8)

该表综合反映基本建设项目的基本概况,内容包括该项目总投资、建设起止时间、新增生产能力、主要材料消耗、建设成本、完成主要工程量和主要技术经济指标,为全面考核和分析投资效果提供依据,可按下列要求填写:

表 4-8　基本建设项目概况表

建设项目(单项工程)名称		建设地址				项目	概算批准金额(元)	实际完成金额(元)	备注
主要设计单位		主要施工企业				建筑安装工程			
占地面积	设计	实际	总投资(万元)	设计	实际	设备、工器具			
						待摊投资			
新增生产能力	能力(效益名称)		设计	实际	基建支出	其中:建设单位管理费			
						其他投资			
建设起止时间	设计	从　年　月开工至　年　月竣工				待核销基建支出			
	实际	从　年　月开工至　年　月竣工				转出投资			
						合计			

概算批准文号					
完成主要工程量	建设规模		设备(台、套、t)		
	设计	实际	设计		实际
收尾工程	单项工程项目、内容	批准概算	预计未完部分投资额	已完成投资额	预计完成时间
	小计				

(1)建设项目名称、建设地址、主要设计单位和主要施工企业,要按全称填列。

(2)表中各项目的设计、概算、计划等指标,根据批准的设计文件和概算、计划等确定的数字填列。

(3)表中所列新增生产能力、完成主要工程量的实际数据,根据建设单位统计资料和承包人提供的有关成本核算资料填列。

(4)表中基建支出是指建设项目从开工起至竣工为止发生的全部基本建设支出,包括形成资产价值的交付使用资产,如固定资产、流动资产、无形资产、其他资产支出,还包括不形成资产价值按照规定应核销的非经营项目的待核销基建支出和转出投资。上述支出,应根据财政部门历年批准的"基建投资表"中的有关数据填列。按照《财政部关于〈基本建设财务管理若干规定〉的通知》(财基字〔1998〕4 号),需要注意以下几点:

①建筑安装工程投资支出,设备、工具、器具投资支出、待摊投资支出和其他投资支出构成建设项目的建设成本。

②待核销基建支出是指非经营性项目发生的江河清障、补助群众造林、水土保持、城市绿化、取消项目可行性研究费、项目报废等不能形成资产部分的投资。对于能够形成资产部

分的投资,应计入交付使用资产价值。

③非经营性项目转出投资支出是指非经营项目为项目配套的专用设施投资,包括专用道路、专用通信设施、送变电站、地下管道等,其产权不属于本单位的投资支出,对于产权归属本单位的,应计入交付使用资产价值。

(5)表中"初步设计和概算批准文号",按最后经批准的文件号填列。

(6)表中收尾工程是指全部工程项目验收后尚遗留的少量收尾工程,在表中应明确填写收尾工程内容、完成时间、这部分工程的实际成本,可根据实际情况进行估算并加以说明,完工后不再编制竣工决算。

2.基本建设项目竣工财务决算表(见表 4-9)

竣工财务决算表是竣工财务决算报表的一种,大中型建设项目竣工财务决算表是用来反映建设项目的全部资金来源和资金占用情况,是考核和分析投资效果的依据。该表反映竣工的大中型建设项目从开工到竣工为止全部资金来源和资金运用的情况。它是考核和分析投资效果,落实结余资金,并作为报告上级核销基本建设支出和基本建设拨款的依据。在编制该表前,应先编制出项目竣工年度财务决算,根据编制出的竣工年度财务决算和历年财务决算编制项目的竣工财务决算。此表采用平衡表形式,即资金来源合计等于资金支出合计。

表 4-9　基本建设项目竣工财务决算表

(单位:元)

资金来源	金额	资金占用	金额
一、基建拨款		一、基本建设支出	
1.中央财政资金		(一)交付使用资产	
其中:一般公共预算资金		1.固定资产	
中央基建投资		2.流动资产	
财政专项资金		3.无形资产	
政府性资金		(二)在建工程	
国有资本经营预算安排的基建项目资金		1.建筑安装工程投资	
2.地方财政资金		2.设备投资	
其中:一般公共预算资金		3.待摊投资	
地方基建投资		4.其他投资	
财政专项资金		(三)待核销基建支出	
政府性资金		(四)转出投资	
国有资本经营预算安排的基建项目资金		二、货币资金合计	
二、部门自筹资金(非负债性资金)		其中:银行存款	
三、项目资本金		财政应返还额度	
1.国家资本金		其中:直接支付	
2.法人资本金		授权支付	
3.个人资本金		现金	
4.外商资本金		有价证券	
四、项目资本公积金		三、预付及应收款合计	

续表 4-9

资金来源	金额	资金占用	金额
五、基建借款		1.预付备料款	
其中:企业债券资金		2.预付工程款	
六、代冲基建支出		3.预付设备款	
七、应付款合计		4.应收票据	
1.应付工程款		5.其他应收款	
2.应付设备款		四、固定资产合计	
3.应付票据		固定资产原价	
4.应付工资及福利费		减:累计折旧	
5.其他应付款		固定资产净值	
八、未交款合计		固定资产清理	
1.未交税金		待处理固定资产损失	
2.未交结余财政资金			
3.未交基建收入			
4.其他未交款			
合计		合计	

基本建设项目竣工财务决算表具体编制方法如下:

(1)资金来源包括基建拨款、部门自筹资金项目资本金、项目资本公积金、基建借款、上级拨入投资借款、企业债券资金、待冲基建支出、应付款和未交款,以及上级拨入资金和企业留成收入等。

其中:

①项目资本金是指经营性项目投资者按国家有关项目资本金的规定,筹集并投入项目的非负债资金,在项目竣工后,相应转为生产经营企业的国家资本金、法人资本金、个人资本金和外商资本金。

②项目资本公积金是指经营性项目对投资者实际缴付的出资额超过其资金的差额(包括发行股票的溢价净收入)、资产评估确认价值或者合同协议约定价值与原账面净值的差额、接收捐赠的财产、资本汇率折算差额,在项目建设期间作为资本公积金、项目建成交付使用并办理竣工决算后,转为生产经营企业的资本公积金。

③基建收入是基建过程中形成的各项工程建设副产品变价净收入、负荷试车的试运行收入及其他收入,在表中基建收入以实际销售收入扣除销售过程中所发生的费用和税后的实际纯收入填写。

(2)"交付使用资产""预算拨款""自筹资金拨款""其他拨款""项目资本""基建投资借款""其他借款"等项目,是指自开工建设至竣工的累计数。上述有关指标应根据历年批复的年度基本建设财务决算和竣工年度的基本建设财务决算中资金平衡表相应项目的数字进行汇总填写。

(3)表中其余项目费用办理竣工验收时的结余数,根据竣工年度财务决算中资金平衡表的有关项目期末数填写。

（4）资金支出反映建设项目从开工准备到竣工全过程资金支出的情况，内容包括基建支出、应收生产单位投资借款、库存器材、货币资金、有价证券和预付及应收款以及拨付所属投资借款和库存固定资产等，资金支出总额应等于资金来源总额。

3.基本建设项目交付使用资产总表（见表 4-10）

表 4-10 反映建设项目建成后新增固定资产、流动资产、无形资产和其他资产价值的情况和价值，作为财产交接、检查投资计划完成情况和分析投资效果的依据。

表 4-10 基本建设项目交付使用资产总表　　　　　（单位:元）

序号	单项工程项目名称	总结	固定资产				流动资产	无形资产
			合计	建安工程	设备	其他		

交付单位：　　　　负责人：　　　　　接受单位：　　　　　负责人：

基本建设项目交付使用资产总表具体编制方法如下：

（1）各栏目数据根据"交付使用明细表"的固定资产、流动资产、无形资产、其他资产的各相应项目的汇总数分别填写，表中总计栏的总计数应与竣工财务决算表中的交付使用资产的金额一致。

（2）合计数应分别与竣工财务决算表交付使用的固定资产、流动资产、无形资产、其他资产的数据相符。

4.基本建设项目交付使用资产明细表（见表 4-11）

表 4-11 反映交付使用的固定资产、流动资产、无形资产和其他资产及其价值的明细情况，是办理资产交接和接收单位登记资产账目的依据，是使用单位建立资产明细账和登记新增资产价值的依据。编制时，要做到齐全完整，数字准确，各栏目价值应与会计账目中相应科目的数据保持一致。

表 4-11 基本建设项目交付使用资产明细表

单项工程名称	建筑工程			设备、工具、器具、家具						流动资产		无形资产	
	结构	面积(m^2)	金额（元）	名称	规格型号	数量	金额（元）	其中:设备安装费（元）	其中:分摊待摊投资（元）	名称	金额（元）	名称	金额（元）

基本建设项目交付使用资产明细表具体编制方法如下：

（1）表中"建筑工程"项目应按单项工程名称填列其结构、面积和金额。其中，"结构"按钢结构、钢筋混凝土结构、混合结构等结构形式填写，"面积"则按各项目实际完成面积填列，"金额"按交付使用资产的实际价值填写。

（2）固定资产部分要在逐项盘点后，根据盘点实际情况填写，工具、器具和家具等低值易耗品可分类填写。

（3）表中"流动资产""无形资产"项目应根据建设单位实际交付的名称和金额分别填列。

6.2.1.3　建设工程竣工图

建设工程竣工图是真实记录各种地上、地下建筑物、构筑物等情况的技术文件，是工程进行交工验收、维护、改建和扩建的依据，是国家的重要技术档案。全国各建设、设计、施工单位和各主管部门都要认真做好竣工图的编制工作。国家规定，各项新建、扩建、改建的基本建设工程，特别是基础、地下建筑、管线、结构、井巷、桥梁、隧道、港口、水坝及设备安装等隐蔽部位，都要编制竣工图。为确保竣工图质量，必须在施工过程中（不能在竣工后）及时做好隐蔽工程检查记录，整理好设计变更文件。编制竣工图的形式和深度应根据不同情况区别对待，其具体要求包括：

（1）凡按图竣工没有变动的，由承包人（包括总包和分包承包人，下同）在原施工图上加盖"竣工图"标志后，即作为竣工图。

（2）凡在施工过程中，虽有一般性设计变更，但能将原施工图加以修改补充作为竣工图的，可不重新绘制，由承包人负责在原施工图（必须是新蓝图）上注明修改的部分，并附以设计变更通知单和施工说明，加盖"竣工图"标志后，作为竣工图。

（3）凡结构形式改变、施工工艺改变、平面布置改变、项目改变，以及有其他重大改变，不宜再在原施工图上修改、补充时，应重新绘制改变后的竣工图。由原设计原因造成的，由设计单位负责重新绘制；由施工原因造成的，由承包人负责重新绘图；由其他原因造成的，由建设单位自行绘制或委托设计单位绘制。承包人负责在新图上加盖"竣工图"标志，并附以有关记录和说明，作为竣工图。

（4）为了满足竣工验收和竣工决算需要，还应绘制反映竣工工程全部内容的工程设计平面示意图。

（5）重大的改建、扩建工程项目涉及原有的工程项目变更时，应将相关项目的竣工图资料统一整理归档，并在原图案卷内增补必要的说明一起归档。

6.2.1.4　工程造价对比分析

对控制工程造价所采取的措施、效果及其动态的变化需要进行认真的比较对比，总结经验教训。批准的概算是考核建设工程造价的依据。在分析时，可先对比整个项目的总概算，然后将建筑安装工程费、设备工器具费和其他工程费用逐一与竣工决算表中所提供的实际数据和相关资料及批准的概算和预算指标、实际的工程造价进行对比分析，以确定竣工项目总造价是节约还是超支，并在对比的基础上，总结先进经验，找出节约和超支的内容及原因，提出改进措施。在实际工作中，应主要分析以下内容：

（1）考核主要实物工程量。对于实物工程量出入比较大的情况，必须查明原因。

（2）考核主要材料消耗量，考核主要材料消耗量，要按照竣工决算表中所列明的三大材料实际超概算的消耗量,查明是在工程的哪个环节超出量最大,再进一步查明超耗的原因。

(3)考核建设单位管理费、措施费和间接费的取费标准。建设单位管理费、措施费和间接费的取费标准要按照国家和各地的有关规定,根据竣工决算报表中所列的建设单位管理费与概预算所列的建设单位管理费进行比较,依据规定查明是否多列或少列费用项目,确定其节约、超支的数额,并查明原因。

6.2.2　竣工决算的编制

为进一步加强基本建设项目竣工财务决算管理,根据《关于进一步加强中央基本建设项目竣工财务决算工作的通知》(财办建〔2008〕91 号)的规定,项目建设单位应在项目竣工后 3 个月内完成竣工决算的编制工作,并报主管部门审核。主管部门收到竣工财务决算报告后,对于按规定由主管部门审批的项目,应及时审核批复,并报财政部备案;对于按规定报财政部审批的项目,一般应在收到竣工决算报告后一个月内完成审核工作,并将经过审核后的决算报告报财政部(经济建设司)审批。

财政部按规定对中央级大中型项目、国家确定的重点小型项目竣工财务决算的审批实行"先审核、后审批"的办法,即对需先审核后审批的项目,先委托财政投资评审机构或经财政部认可的有资质的中介机构对项目单位编制的竣工财务决算进行审核,再按规定批复项目竣工财务决算。对审核中审减的概算内投资,经财政部审核确认后,按投资来源比例归还投资方。

主管部门应对项目建设单位报送的项目竣工财务决算认真审核,严格把关。审核的重点内容为:项目是否按规定程序和权限进行立项、可研和初步设计报批工作;项目建设超标准、超规模、超概算投资等问题审核;项目竣工财务决算金额的正确性审核;项目竣工财务决算资料的完整性审核;项目建设过程中存在主要问题的整改情况审核等。

6.2.2.1　竣工决算的编制依据

竣工决算的编制依据主要有:

(1)经批准的可行性研究报告、投资估算书,初步设计或扩大初步设计,修正总概算及其批复文件。

(2)经批准的施工图设计及其施工图预算书。

(3)设计交底或图纸会审会议纪要。

(4)设计变更记录、施工记录或施工签证单及其他施工发生的费用记录。

(5)招标控制价、承包合同、工程结算等有关资料。

(6)竣工图及各种竣工验收资料。

(7)历年基建计划、历年财务决算及批复文件。

(8)设备、材料调价文件和调价记录。

(9)有关财务核算制度、办法和其他有关资料。

6.2.2.2　竣工决算的编制要求

为了严格执行建设项目竣工验收制度,正确核定新增固定资产价值,考核分析投资效果,建立健全经济责任制,所有新建、扩建和改建等建设项目竣工后,都应及时、完整、正确地编制好竣工决算。建设单位要做好以下工作:

(1)按照规定组织竣工验收,保证竣工决算的及时性。对建设工程的全面考核,所有的建设项目(或单项工程)按照批准的设计文件所规定的内容建成后,具备了投产和使用条件的,都要及时组织验收。对于竣工验收中发现的问题,应及时查明原因,采取措施加以解决,以保证建设项目按时交付使用和及时编制竣工决算。

(2)积累、整理竣工项目资料,保证竣工决算的完整性。积累、整理竣工项目资料是编制竣工决算的基础工作,它关系到竣工决算的完整性和质量的好坏。因此,在建设过程中,建设单位必须随时收集项目建设的各种资料,并在竣工验收前,对各种资料进行系统整理,分类立卷,为编制竣工决算提供完整的数据资料,为投产后加强固定资产管理提供依据。在工程竣工时,建设单位应将各种基础资料与竣工决算一起移交给生产单位或使用单位。

(3)清理、核对各项账目,保证竣工决算的正确性。工程竣工后,建设单位要认真核实各项交付使用资产的建设成本;做好各项账务、物资及债权的清理结余工作,应偿还的及时偿还,该收回的应及时收回,对各种结余的材料、设备、施工机械工具等,要逐项清点核实,妥善保管,按照国家有关规定进行处理,不得任意侵占;对竣工后的结余资金,要按规定上交财政部门或上级主管部门。在完成上述工作,核实了各项数字的基础上,正确编制从年初起到竣工月份止的竣工年度财务决算,以便根据历年的财务决算和竣工年度财务决算进行整理汇总,编制建设项目决算。

按照规定,竣工决算应在竣工项目办理验收交付手续后一个月内编好,并上报主管部门,有关财务成本部分,还应送经办银行审查签证。主管部门和财政部门对报送的竣工决算审批后,建设单位即可办理决算调整和结束有关工作。

6.2.2.3 竣工决算的编制步骤

(1)收集、整理和分析有关依据资料。在编制竣工决算文件之前,应系统地整理所有的技术资料、工料结算的经济文件、施工图纸和各种变更与签证资料,并分析它们的准确性。完整、齐全的资料,是准确而迅速编制竣工决算的必要条件。

(2)清理各项财务、债务和结余物资。在收集、整理和分析有关资料时,要特别注意建设工程从筹建到竣工投产或使用的全部费用的各项账务,做到工程完毕账目清晰,既要核对账目,又要查点库存实物的数量,做到账与物相符,账与账相符;对结余的各种材料、工器具和设备,要逐项清点核实,妥善管理,并按规定及时处理,收回资金。对各种往来款项要及时进行全面清理,为编制竣工决算提供准确的数据和结果。

(3)核实工程变动情况。重新核实各单位工程、单项工程造价,将竣工资料与原设计图纸进行查对、核实,必要时可实地测量,确认实际变更情况;根据经审定的承包人竣工结算等原始资料,按照有关规定对原概预算进行增减调整,重新核定工程造价。

(4)编制建设工程竣工决算说明。按照建设工程竣工决算说明的内容要求,根据填写在报表中的结果,编写文字说明。

(5)填写竣工决算报表。按照建设工程决算表格中的内容,根据编制依据中的有关资料进行统计或计算各个项目和数量,并将其结果填到相应表格的栏目内,完成所有报表的填写。

(6)做好工程造价对比分析。

(7)清理、装订好竣工图。

(8)上报主管部门审查存档。

将上述编写的文字说明和填写的表格经核对无误,装订成册,即为建设工程竣工决算文件。将其上报主管部门审查,并把其中财务成本部分送交开户银行签证。竣工决算在上报主管部门的同时,抄送有关设计单位。大中型建设项目的竣工决算还应抄送财政部、建设银行总行和省、市、自治区的财政局和建设银行分行各一份。建设工程竣工决算的文件,由建设单位负责组织人员编写,在竣工建设项目办理验收使用一个月之内完成。

6.3　新增资产价值的确定

建设项目竣工投入运营后,所花费的总投资形成相应的资产。按照新的财务制度和企业会计准则,新增资产按资产性质可分为固定资产、流动资产、无形资产和其他资产等四大类。

6.3.1　新增固定资产价值的确定

新增固定资产价值是建设项目竣工投产后所增加的固定资产的价值,它是以价值形态表示的固定资产投资最终成果的综合性指标。新增固定资产价值是投资项目竣工投产后所增加的固定资产价值,即交付使用的固定资产价值,是以价值形态表示建设项目的固定资产最终成果的指标。新增固定资产价值的计算是以独立发挥生产能力的单项工程为对象的。单项工程建成经有关部门验收鉴定合格,正式移交生产或使用,即应计算新增固定资产价值。一次交付生产或使用的工程一次计算新增固定资产价值,分期分批交付生产或使用的工程,应分期分批计算新增固定资产价值。新增固定资产价值的内容包括:已投入生产或交付使用的建筑、安装工程造价;达到固定资产标准的设备、工器具的购置费用;增加固定资产价值的其他费用。

在计算时应注意以下几种情况:

(1)对于为了提高产品质量、改善劳动条件、节约材料消耗、保护环境而建设的附属辅助工程,只要全部建成,正式验收交付使用后就要计入新增固定资产价值。

(2)对于单项工程中不构成生产系统,但能独立发挥效益的非生产性项目,如住宅、食堂、医务所、托儿所、生活服务网点等,在建成并交付使用后,也要计入新增固定资产价值。

(3)凡购置达到固定资产标准不需安装的设备、工器具,应在交付使用后计入新增固定资产价值。

(4)属于新增固定资产价值的其他投资,应随受益工程交付使用的同时一并计入。

(5)交付使用财产的成本,应按下列内容计算:

①房屋、建筑物、管道、线路等固定资产的成本包括建筑工程成果和待分摊的待摊投资。

②动力设备和生产设备等固定资产的成本包括:需要安装设备的采购成本,安装工程成本,设备基础、支柱等建筑工程成本或砌筑锅炉及各种特殊锅炉的建筑工程成本,应分摊的待摊投资。

③运输设备及其他不需要安装的设备、工具、器具、家具等固定资产一般仅计算采购成本,不计分摊的待摊投资。

(6)共同费用的分摊方法。新增固定资产的其他费用,如果属于整个建设项目或两个以上单项工程的,在计算新增固定资产价值时,应在各单项工程中按比例分摊。一般情况下,建设单位管理费按建筑工程、安装工程、需安装设备价值总额等按比例分摊,而土地征用费、地质勘查和建筑工程设计费等费用则按建筑工程造价比例分摊,生产工艺流程系统设计费按安装工程造价比例分摊。

6.3.2　新增流动资产价值的确定

流动资产是指可以在一年内或者超过一年的一个营业周期内变现或者运用的资产,包括现金及各种存款,以及其他货币资金、短期投资、存货、应收及预付款项、其他流动资产等。

(1)货币性资金。货币性资金是指现金、各种银行存款及其他货币资金。其中,现金是指企业的库存现金,包括企业内部各部门用于周转的备用金;各种银行存款是指企业的各种不同类型的银行存款;其他货币资金是指除现金和银行存款以外的其他货币资金,根据实际入账价值核定。

(2)应收及预付款项。应收款项是指企业因销售商品、提供劳务等应向购货单位或受益单位收取的款项,预付款项是指企业按照购货合同预付给供货单位的购货定金或部分货款。应收及预付款项包括应收票据、应收款项、其他应收款、预付货款和待摊费用。一般情况下,应收及预付款项按企业销售商品、产品或提供劳务时的实际成交金额入账核算。

(3)短期投资。包括股票、债券、基金。股票和债券根据是否可以上市流通分别采用市场法和收益法确定其价值。

(4)存货。存货是指企业的库存材料、在产品、产成品等。各种存货应当按照取得时的实际成本计价。存货的形成,主要有外购和自制两个途径。外购的存货,按照买价加运输费、装卸费、保险费、途中合理损耗、入库前加工整理及挑选费用,以及缴纳的税金等计价;自制的存货,按照制造过程中的各项实际支出计价。

6.3.3　新增无形资产价值的确定

在财政部和国家知识产权局的指导下,中国资产评估协会于2008年制定了《资产评估准则——无形资产》,自2009年7月1日起施行。根据上述准则规定,无形资产是指特定主体所拥有或者控制的,不具有实物形态,能持续发挥作用且能带来经济利益的资源。我国作为评估对象的无形资产通常包括专利权、专有技术、商标权、著作权、销售网络、客户关系、供应关系、人力资源、商业特许权、合同权益、土地使用权、矿业权、水域使用权、森林权益、商誉等。

6.3.3.1　无形资产的计价原则

(1)投资者按无形资产作为资本金或者合作条件投入时,按评估确认或合同协议约定的金额计价。

(2)购入的无形资产,按照实际支付的价款计价。

(3)企业自创并依法申请取得的,按开发过程中的实际支出计价。

(4)企业接受捐赠的无形资产,按照发票账单所载金额或者同类无形资产市场价作价。

(5)无形资产入账后,应在其有效使用期内分期摊销,即企业为无形资产支出的费用应在无形资产的有效期内得到及时补偿。

6.3.3.2　无形资产的计价方法

(1)专利权的计价。专利权分为自创和外购两类。自创专利权的价值为开发过程中的实际支出,主要包括专利的研制成本和交易成本。研制成本包括直接成本和间接成本。直接成本是指研制过程中直接投入发生的费用(主要包括材料费用、工资费用、专用设备费、资料费、咨询鉴定费、协作费、培训费和差旅费等);间接成本是指与研制开发有关的费用(主要包括管理费、非专用设备折旧费、应分摊的公共费用及能源费用)。交易成本是指在交易过程中的费用支出(主要包括技术服务费、交易过程中的差旅费及管理费、手续费、税金）。由于专利权是具有独特性并能带来超额利润的生产要素,因此专利权转让价格不按成本估价,而是按照其所能带来的超额收益计价。

（2）专有技术(又称非专利技术)的计价。专有技术具有使用价值和价值,使用价值是专有技术本身应具有的,专有技术的价值在于专有技术的使用所能产生的超额获利能力,应在研究分析其直接和间接的获利能力的基础上,准确计算出其价值。如果专有技术是自创的,一般不作为无形资产入账,自创过程中发生的费用,按当期费用处理。对于外购专有技术,应由法定评估机构确认后再进行估价,其方法往往通过能产生的收益采用收益法进行估价。

（3）商标权的计价。如果商标权是自创的,一般不作为无形资产入账,而将商标设计、制作、注册、广告宣传等发生的费用直接作为销售费用计入当期损益。只有当企业购入或转让商标时,才需要对商标权计价。商标权的计价一般根据被许可方新增的收益确定。

（4）土地使用权的计价。根据取得土地使用权的方式不同,土地使用权可有以下几种计价方式。当建设单位向土地管理部门申请土地使用权并为之支付一笔出让金时,土地使用权作为无形资产核算;当建设单位获得土地使用权是通过行政划拨的,这时土地使用权就不能作为无形资产核算;在将土地使用权有偿转让、出租、抵押、作价入股和投资,按规定补交土地出让价款时,才作为无形资产核算。

6.3.4　其他资产价值的确定

其他资产是指不能全部计入当年损益,应当在以后年度分期摊销的各种费用,包括开办费、租入固定资产改良支出等。

（1）开办费的计价。开办费筹建期间建设单位管理费中未计入固定资产的其他各项费用,如建设单位经费,包括筹建期间工作人员工资、办公费、差旅费、印刷费、生产职工培训费、样品样机购置费、农业开荒费、注册登记费等,以及不计入固定资产和无形资产购建成本的汇兑损益、利息支出。按照新财务制度规定,除了筹建期间不计入资产价值的汇兑净损失,开办费从企业开始生产经营月份的次月起,按照不短于5年的期限平均摊入管理费用中。

（2）租入固定资产改良支出的计价。租入固定资产改良支出是企业从其他单位或个人租入的固定资产,所有权属于出租人,但企业依合同享有使用权。通常双方在协议中规定,租入企业应按照规定的用途使用,并承担对租入固定资产进行修理和改良的责任,即发生的修理和改良支出全部由承租方负担。对租入固定资产的大修理支出,不构成固定资产价值,其会计处理与自有固定资产的大修理支出无区别。对租入固定资产实施改良,因有助于提高固定资产的效用和功能,应当另外确认为一项资产。由于租入固定资产的所有权不属于租入企业,不宜增加租入固定资产的价值而作为其他资产处理。租入固定资产改良及大修理支出应当在租赁期内分期平均摊销。

第7节　质量保证金的处理

为贯彻落实国务院关于进一步清理规范涉企收费、切实减轻建筑业企业负担的精神,规范建设工程质量保证金管理,住房和城乡建设部、财政部2017年6月20日联合发布了《关于印发建设工程质量保证金管理办法的通知》(建质〔2017〕138号),对《建设工程质量保证金管理办法》(建质〔2016〕295号)进行了修订,规范了建设工程质量保证金管理办法,落实了工程在缺陷责任期内的维修责任等相关规定。

7.1 缺陷责任期的概念和期限

7.1.1 缺陷责任期与保修期

7.1.1.1 缺陷责任期

缺陷是指建设工程质量不符合工程建设强制性标准、设计文件，以及承包合同的约定。缺陷责任期是指承包人对已交付使用的合同工程承担合同约定的缺陷修复责任的期限。

7.1.1.2 保修期

建设工程保修期是指在正常使用条件下，建设工程的最低保修期限。保修期自实际竣工日期起计算。保修的期限应当按照保证建筑物合理寿命期内正常使用，维护使用者合法权益的原则确定。按照《建设工程质量管理条例》的规定，保修期限如下：

(1)地基基础工程和主体结构工程，为设计文件规定的该工程的合理使用年限。

(2)屋面防水工程、有防水要求的卫生间、房间和外墙面的防渗漏为 5 年。

(3)供热与供冷系统为 2 个采暖期和供热期。

(4)电气管线、给排水管道、设备安装和装修工程为 2 年。

7.1.2 缺陷责任期的期限

缺陷责任期一般为 1 年，最长不超过 2 年，由发、承包双方在合同中约定。缺陷责任期从工程通过竣工验收之日起计。由于承包人原因导致工程无法按规定期限进行竣工验收的，缺陷责任期从实际通过竣工验收之日起计。由于发包人原因导致工程无法按规定期限进行竣工验收的，在承包人提交竣工验收报告 90 天后，工程自动进入缺陷责任期。

7.1.3 缺陷责任期内的维修及费用承担

7.1.3.1 保修责任

缺陷责任期内，属于保修范围、内容的项目，承包人应当在接到保修通知之日起 7 天内派人保修。发生紧急抢修事故的，承包人在接到事故通知后，应当立即到达事故现场抢修。对于涉及结构安全的质量问题，应当按照《房屋建筑工程质量保修办法》的规定，立即向当地建设行政主管部门报告，采取安全防范措施；由原设计单位或者有相应资质等级的设计单位提出保修方案，承包人实施保修。质量保修完成后，由发包人组织验收。

7.1.3.2 费用承担

缺陷责任期内，由承包人原因造成的缺陷，承包人应负责维修，并承担鉴定及维修费用。如承包人不维修也不承担费用，发包人可按合同约定从保证金或银行保函中扣除，费用超出保证金额的，发包人可按合同约定向承包人进行索赔。承包人维修并承担相应费用后，不免除对工程的损失赔偿责任。

由他人原因造成的缺陷，发包人负责组织维修，承包人不承担费用，且发包人不得从保证金中扣除费用。

发承包双方就缺陷责任有争议时，可以请有资质的单位进行鉴定，责任方承担鉴定费用并承担维修费用。

7.2 质量保证金的使用及返还

7.2.1 质量保证金

建设工程质量保证金是指发包人与承包人在建设工程承包合同中约定，从应付的工程款中预留,用以保证承包人在缺陷责任期内对建设工程出现的缺陷进行维修的资金。

发包人应当在招标文件中明确保证金预留、返还等内容,并与承包人在合同条款中对涉及保证金的下列事项进行约定:

(1)保证金预留、返还方式。

(2)保证金预留比例、期限。

(3)保证金是否计付利息,如计付利息,利息的计算方式。

(4)缺陷责任期的期限及计算方式。

(5)保证金预留、返还及工程维修质量、费用等争议的处理程序。

(6)缺陷责任期内出现缺陷的索赔方式。

(7)逾期返还保证金的违约金支付办法及违约责任。

7.2.2　质量保证金预留及管理

7.2.2.1　质量保证金的预留

发包人应按照合同约定方式预留保证金,保证金总预留比例不得高于工程价款结算总额的3%。合同约定由承包人以银行保函替代预留保证金的,保函金额不得高于工程价款结算总额的3%。

7.2.2.2　质量保证金的管理

缺陷责任期内,实行国库集中支付的政府投资项目,保证金的管理应按国库集中支付的有关规定执行。其他政府投资项目,保证金可以预留在财政部门或发包方。缺陷责任期内,如发包方被撤销,保证金随交付使用资产一并移交使用单位管理,由使用单位代行发包人职责。

社会投资项目采用预留保证金方式的,发、承包双方可以约定将保证金交由第三方金融机构托管。

推行银行保函制度,承包人可以银行保函替代预留保证金。

在工程项目竣工前,已经缴纳履约保证金的,发包人不得同时预留工程质量保证金。

采用工程质量保证担保、工程质量保险等其他保证方式的,发包人不得再预留保证金。

7.2.2.3　质量保证金的使用

承包人未按照合同约定履行属于自身责任的工程缺陷修复义务的,发包人有权从质量保证金中扣留用于缺陷修复的各项支出。若经查验,工程缺陷属于发包人原因造成的,应由发包人承担查验和缺陷修复的费用。

7.2.3　质量保证金的返还

缺陷责任期内,承包人认真履行合同约定的责任,到期后,承包人向发包人申请返还保证金。

发包人在接到承包人返还保证金申请后,应于14天内会同承包人按照合同约定的内容进行核实。如无异议,发包人应当按照约定将保证金返还给承包人。对返还期限没有约定或者约定不明确的,发包人应当在核实后14天内将保证金返还承包人,逾期未返还的,依法承担违约责任。发包人在接到承包人返还保证金申请后14天内不予答复,经催告后14天内仍不予答复,视同认可承包人的返还保证金申请。

习 题

1.简述工程招标的程序。

2.施工合同文件的优先解释顺序是什么?

3.施工合同中关于价款的约定内容有哪些?

4.工程变更主要有哪些方面的原因?

5.工程变更项目的综合单价如何调整?

6.常见的索赔证据主要有哪些?

7.工程量偏差引起价格调整有哪些规定?

8.什么叫工程价款结算? 工程价款结算的主要内容包括哪些?

9.什么叫工程预付款?

10.什么叫装配式建设项目竣工验收? 建设工程竣工验收应当具备哪些条件?

11.装配式建设项目竣工验收的依据和标准有哪些?

12.什么叫竣工决算?

13.什么叫缺陷责任期? 缺陷责任期的期限规定有哪些?

14.什么叫质量保证金?

第5章　装配式建筑构件生产成本管理

河南省"十二五"规划明确提出引导河南省建筑业走工业化道路,推动有条件的企业开展工厂化生产、装配式施工,提升传统建筑业,实现产业发展向依靠科技进步和管理创新转变。按照《河南省绿色建筑行动实施方案》要求,"省重点工程建设项目,公共租赁住房、廉租住房、农村危房改造等民生工程,学校、医院等公益性项目,政府投资建设项目应优先选用建筑工业化"。2016 年以前,项目处于市场培育期,依靠政府的政策支持,以政府的保障性住房和廉租房为主要目标。

第 1 节　装配式建筑构件成本组成

1.1　装配式建筑构件固定成本

固定成本是指其总额在一定时期及一定业务量范围内,不直接接受业务量变动的影响而保持固定不变的成本。

固定成本包括以下几种费用:固定折旧费、厂房土地及建安费用、模具费用、行政管理人员工资、财产保险费、职工培训费、办公费、产品研究与开发费用。

1.1.1　固定成本投资估算

现以一案例说明固定成本投资估算的内容。某厂房为单层钢结构厂房,厂房下檐高度 15 m,由 3 跨 27 m 车间和 2 跨 24 m 车间组成,长度为 260 m。厂房东端为原材料堆放区,主要包括砂石堆场和混凝土搅拌站,厂房室内布置 3 条多功能流水线、1 条钢筋加工生产线、1 条异型构件生产线,供工人操作施工。基础建设工程费用如表 5-1 所示。

装配式环筋扣合锚接混凝土剪力墙结构体系的叠合楼板和内外墙体面积基本相当。为了提高生产效率,满足市场需求,拟设置三条流水生产线和一条异型构件生产线(主要包括预制楼梯、梁、柱等),根据构件的所占比例和不同构件的生产工艺,合理分配三条生产线构件产量。主要生产系统清单及价格如表 5-2 所示。

表 5-1　基础建设工程费用

类别	序号	项目名称	面积（m²）	每平方米造价（万元）	总造价（万元）	内容	用途
厂区建安费	1	主厂房	33 540	0.15	5 031	3 跨 27 m×260 m 单层钢结构厂房，2 跨 24 m×260 m	预制墙板、预制叠合楼板、预制梁柱楼梯生产车间
	2	辅助厂房	1 000	0.15	150	钢构厂房	锅炉设备，门卫室、控压站
	3	搅拌站基础	200	0.2	40	地下储藏	储存混凝土原材料
	4	车间库房及办公室	1 400	0.05	70	活动板房	车间办公及物品存放
	5	办公楼及实验室	1 700	0.25	425	装配式混凝土框架结构建筑	日常办公
	6	宿舍及食堂	2 500	0.2	500	装配式混凝土框架结构建筑	满足 50 人管理人员和 350 人工人居住需要（管理人员按照人均 20 m²，工人按照人均 10 m²）
	7	车辆维修及油库	1 000	0.1	100		
	8	厂区地面硬化	44 352	0.04	1 774.08	耐磨地坪	厂房周围及构件堆放区地面硬化
	9	厂区绿化及展示区、附属配套	17 500	0.02	350	室外工程	厂区道路及照明、室外给排水、绿化植物、原料储存区
	10	厂区围墙	2 000	0.04	80	（周长 2 000）	围墙、展示宣传
		基建工程造价合计			8 520.08		
费用及税金	11	设计费 2.5%	8 520.08	2.5%	213	前期可研、方案及施工图设计	含工艺设计 0.8%
		监理费 1.5%	8 520.08	1.5%	127.8	施工阶段监理	含设备监造
		报建规费 1.5%	8 520.08	1.5%	127.8	建设行政事业的各项收费，质监、安监费	不含押金性质的散装水泥基金、节能墙改基金等
		税费合计			468.6		
总造价		基建工程+费用及税金			8 988.68		
不可预见	12	总造价的 10%			898.87		不可预见的准备金，含建设单位管理费开支
		基建工程总投资额			9 887.55		

表 5-2　主要生产系统清单及价格

类别	序号	项目名称	设备种类	单价	数量	总价	用途
工厂设备	1	生产线设备	套	850	3	2 550	预制构件的生产
	2	混凝土搅拌站 HZS120240	套	185	1	185	混凝土生产
	3	生产辅助设备	批次	500	1	500	原料及构件的输送
	4	固定生产车模台	批次	350	3	1 050	固定模台
	5	钢筋加工设备	套	600	1	600	钢筋的切断、调直、焊接、弯曲等加工
	6	试验检测设备	批次	250	1	250	原材及成品的检测与质量管控
	7	辅助设备	批次	30	23	690	行车,锅炉、工具车
	8	合计				5 825	

1.1.2　固定成本(资产)的折旧摊销

××公司建筑工业化项目总投资为 20 062.55 万元。其中土地费用 4 350 万元,基础建设费用 9 887.55 万元,生产设备费用 5 825 万元。该工厂生产设备的折旧从生产设备投入使用月份的次月起,按月计提。停止使用的生产设备从停用月份的次月起,停止计提折旧。

固定资产折旧摊销的计算方法有以下几种。

1.1.2.1　平均年限法

平均年限法又称边直线法,是指将固定资产应计提的折旧额均衡地分摊到固定资产预计使用寿命内的一种方法。采用这种方法计算的每期折旧额均相等。其计算公式如下:

$$年折旧摊销率 = (1-预计残值率)/折旧摊销年限×100\% \tag{5-1}$$

$$年折旧额 = 固定资产原值×年折旧率 \tag{5-2}$$

净残值率按照固定资产原值的 3%~5% 确定,净残值率低于 3% 或者高于 5% 的由企业自主确定,报主管财政机关备案。

1.1.2.2　工作量法

工作量法是根据实际工作量计算每期应提折旧额的一种方法。计算公式如下:

$$单位工作量折旧额 = 固定资产原价×(1-预计净残值率)/预计总工作量 \tag{5-3}$$

1.1.2.3　双倍余额递减法

双倍余额递减法是指在不考虑固定资产预计净残值的情况下,根据每期期初固定资产原价减去累计折旧后的余额和双倍的直线法折旧率计算固定资产折旧的一种方法。计算公式如下:

$$年折旧率 = 2/预计使用寿命(年)×100\% \tag{5-4}$$

$$年折旧额 = 固定资产账面净值×年折旧率 \tag{5-5}$$

由于每年年初固定资产净值没有扣除预计净残值。因此,在应用这种方法计算折旧额时,必须注意不能使固定资产的账面折余价值降低到其预计净残值以下,即实行双倍余额递减法计算折旧的固定资产,应在其折旧年限到期前两年内,将固定资产净值扣除预计净残值后的余额平均摊销。

1.1.2.4 年数总和法

年数总和法又称为年限合计法，是将固定资产的原值减去预计净残值的余额，乘以一个以固定资产尚可使用年限为分子、以预计使用寿命的年数总和为分母的逐年递减的分数计算每年的折旧额。计算公式如下：

$$年折旧率 = 尚可使用年限 / 预计使用寿命的年数总和 \times 100\% \qquad (5\text{-}6)$$
$$年折旧额 = (固定资产原值 - 预计净残值) \times 年折旧率 \qquad (5\text{-}7)$$

工厂设备费用按照 10 年折旧摊销，年产量 5 000 m³，厂房土地及建安费按照 50 年进行折旧摊销，模具费用残值率按照 5% 计算，经过对比以上四种折旧的方法，工厂设备、厂房土地及建安费、模具摊销均采用第一种折旧摊销的方法，因此根据公式可得土地及建安费用的折旧费为 800 元/m³，设备折旧摊销为 900 元/m³，模具摊销为 164 元/m³。

1.2 装配式建筑构件可变成本

可变成本是指在特定的业务量范围内，其总额会随业务量的变动而成正比例变动的成本。

工厂可变成本包括以下几种费用：直接材料费、直接人工、装运费、包装费，以及按产量计提的固定设备折旧等都是和单位产品的生产直接联系的，其总额会随着产量的增减成正比例增减。

单体构件单位成本是根据构件结构图计算消耗量和现行原材料价格确定的；材料价格均选用市场价格上限；混凝土容重比按照水泥∶石子∶砂子∶粉煤灰∶水∶外加剂 = 0.29∶1.12∶0.734∶0.16∶0.18∶0.01 计算消耗量；设备动力、燃气费及水费按设备总功率或者定额消耗量，满负荷生产，全年生产 300 天，测算单方消耗量，价格采用工业用价；人工费按照全年满负荷生产，每年生产 300 天，单价为 200 元/（人·天）测算；产能利用率为第一年 25%，第二年 50%，第三年及以后按 85% 测算。

1.2.1 主要直接材料费

1.2.1.1 水泥

水泥宜选用硅酸盐水泥或普通硅酸盐水泥。来源为外购，采用汽车运输的方式。郑州经开区 P·O 42.5 水泥约 350 元/t，一般使用孟电水泥。

1.2.1.2 钢筋

钢筋宜选用符合相关要求的建筑用钢筋，来源为外购，采用汽车运输的方式。目前国内钢筋价格 3 000 元/t，其价格受国际市场影响较大。

1.2.1.3 矿物掺和料

矿物掺和料应选用品质稳定的产品，其品种宜为粉煤灰、矿渣粉等。来源为外购，采用汽车运输的方式。Ⅱ级粉煤灰价格在 170 元/t 左右（距离料源近），具体价格还要考虑距离产生的运费。

1.2.1.4 骨料

细骨料宜选用级配合理、质地均匀坚固、吸水率低、空隙率小的洁净天然中、粗河砂，也可选用人工砂和经过处理的海砂。来源为外购，采用汽车运输的方式。粗骨料应选用级配合理、粒形良好、质地均匀坚固、线胀系数小的洁净碎石，不宜用砂岩碎石。来源为外购，采用汽车运输的方式。场址周边有丰富的砂石供应，砂子到厂报价为 60~70 元/m³，为机制砂，石子到厂报价为 80~90 元/m³。

1.2.1.5 外加剂

外加剂应采用减水率高、坍落度损失小、适量引气、能明显提高混凝土耐久性且质量稳定的产品。来源为外购,采用汽车运输的方式。郑州地区普通高效减水剂(聚羧酸型)在 2 000~2 500 元/t,具体价格要根据集料粒径、配合比等参数做试验后确定。

1.2.1.6 水

拌和用水采用自来水。

1.2.2 预埋使用材料

一个单体构件中预埋材料包括吊钉、支撑螺母、保温连接件、预埋线管、预埋线盒、保温板、灌浆套筒、边角角钢等,按照实际采购的价格计取成本。

1.2.3 类型耗材

构件厂生产的 PC 构件类型有预制外墙、预制内墙、隔墙、叠合板、楼梯、预制路面等,每个单体构件材料费中都包含类型耗材,主要是指脱模剂、水洗剂、修补剂、调色剂、保护剂、楼梯护角、抹布、扫把、滚筒、钢丝刷、焊条、氧气、乙炔、手套、口罩、防护镜、扳手、锤子、泥抹、高压水枪、振捣棒、清扫机、电动扳手、电锤、电钻、电焊机、鸭嘴口、吊环、方木、钢丝绳等,按照材料综合 180 元/m³ 计取成本。

第 2 节 装配式建筑构件成本管理

2.1 装配式建筑构件成本管理的概述

成本管理是一个组织用来计划、监督和控制成本以支持管理决策和管理行为的基本流程。成本管理是企业内部全员、全过程、全环节和全方位的管理,建立健全企业成本管理体系。成本管理的环节包括成本的预测、计划、控制、核算、分析和考核等。全面成本管理,从管理的环节来说,就是要全面开展这些工作,并且贯穿于生产技术经营过程的始终。只有这样,才能更加及时有效地挖掘降低成本的潜力。

成本预测是成本计划的编制基础,成本计划是开展成本控制和核算的基础;成本控制能对成本计划的实施进行监督,保证成本计划的实现,而成本核算又是成本计划能否实现的最后检查,它所提供的成本信息又是成本预测、成本计划、成本控制和成本考核等的依据;成本分析为成本考核提供依据,也为未来的成本预测与编制成本计划指明方向;成本考核是实现成本目标责任制的保证和手段。装配式预制构件工厂生产成本管理的流程如图 5-1 所示。

2.1.1 成本预测

成本预测是通过成本信息和构件的具体情况,并运用一定的专门方法,对未来的成本水平及其可能发展趋势做出科学的估计。其实质就是装配式建筑预制构件在生产以前对成本进行核算。通过成本预测,可以使工厂在满足业主和企业要求的前提下,选择成本低、效益好的最佳成本方案,并能够在工程成本形成过程中,针对薄弱环节,加强成本控制,克服盲目性,提高预见性。因此,成本预测是工程成本决策与计划的依据。

2.1.2 成本计划

成本计划是构件生产厂进行成本管理的工具。它是以货币形式编制生产计划在计划期内的生产费用、成本水平、成本降低率,以及为降低成本所采取的主要措施和规划的书面方

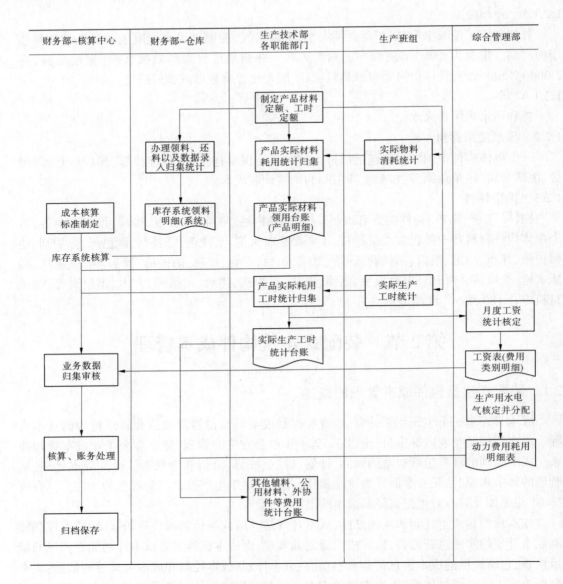

图 5-1　装配式预制构件工厂生产成本管理的流程

案,它是建立成本管理责任制、开展成本控制和核算的基础。一般来讲,一个预制构件成本计划应该包括从开始生产到生产完成所必需的成本,它是该工厂生产预制构件降低成本的指导文件,是设立目标成本的依据。可以说,成本计划是目标成本的一种形式。

2.1.3　成本控制

成本控制指预制构件在生产过程中,对影响成本的各种因素加强管理,并采取各种有效措施,将生产中实际发生的各种消耗和支出严格控制在成本计划范围内,随时揭示并及时反馈,严格审查各项费用是否符合标准,计算实际成本和计划成本之间的差异并进行分析,消除生产中的损失浪费现象,发现和总结先进经验。通过成本控制,使之最终实现甚至超过预期的成本目标。成本控制应贯穿在从预制构件生产直至预制构件出厂的全过程,它是成本管理的重要环节。因此,必须明确各级管理组织和各级人员的责任和权限,这是成本控制的基础之一,必须给以足够的重视。

2.1.4　成本核算

成本核算是指预制构件生产过程中所发生的各种费用和形成成本的核算。它包括两个基本环节:一是按照规定的成本开支范围对成本费用进行归集,计算出预制构件费用的实际发生额;二是根据成本核算对象,采取适当的方法,计算出该构件的总成本和单位成本。工程成本核算所提供的各种成本信息,是成本预测、成本计划、成本控制、成本分析和考核等各个环节的依据。因此,加强成本核算工作,对降低工程成本、提高企业的经济效益有积极的作用。

2.1.5　成本分析

成本分析是在成本形成过程中,对成本进行的对比评价和剖析总结工作,它贯穿于成本管理的全过程,也就是说成本分析主要利用成本核算资料(成本信息),与目标成本(计划成本)、预算成本以及类似实际成本等进行比较,了解成本的变动情况,同时也要分析主要技术经济指标对成本的影响,系统地研究成本变动的因素,检查成本计划的合理性,并通过成本分析,深入揭示成本变动的规律,寻找降低工程成本的途径,以有效地进行成本控制,减少生产中的浪费,促使企业遵守成本开支范围和财务纪律,更好地调动广大职工的积极性,加强工厂的全员成本管理。

2.1.6　成本考核

所谓成本考核,就是装配式建筑构件生产完成后,对成本形成中的各责任者,按成本责任制的有关规定,将成本的实际指标与计划、定额、预算进行对比和考核,评定工程成本计划的完成情况和各责任者的业绩,并以此给以相应的奖励和处罚。通过成本考核,做到有奖有罚,赏罚分明,才能有效地调动企业的每一个职工在各自的岗位上努力完成目标成本的积极性,为降低成本和增加企业的积累,做出自己的贡献。

2.2　装配式建筑构件成本核算和分析

2.2.1　装配式建筑构件成本核算

为了加强成本信息归集与管理,降低成本耗费,提高经济效益,贯彻实施"分层管理、有效控制"的管理原则,进一步细化理顺两个业务板块的成本核算工作,有效地控制成本开支,准确核算各产品成本,落实管理责任,更好地指导生产经营,应根据有关的定额成本管理规定,制定成本核算办法。成本核算是单位成本管理最基础的工作,成本核算所提供的各种信息是成本预测、成本计划、成本控制和成本考核等的依据。

2.2.1.1　成本核算的对象和范围

工厂应建立和健全以单体预制构件为对象的成本核算体系,严格区分经营成本和生产成本,对其生产成本进行分摊,以正确反映预制构件可控成本的收、支、结、转的状况和成本管理业绩。

成本核算以责任成本目标为基本核算范围,以可控的责任成本为核算对象,进行全过程分月跟踪核算。根据工厂当月形象进度,对已经生产的预制构件的实际成本按照分部分项工程进行归集,并与相应范围的计划成本进行比较,分析各分部分项成本的偏差原因,并在后续工作中采取有效控制措施并进一步寻找降本挖潜的途径。工厂车间负责人应在每月成本核算的基础上编制当月成本报告,作为月报的组成内容,提交企业生产管理和财务部门审核备案。

2.2.1.2 成本核算的方法

(1)表格核算法。它是建立在内部各项成本核算基础上,由各要素部门和核算单位定期采集信息,按有关规定填制一系列的表格,它是完成数据比较、考核和简单核算,形成成本核算体系,作为支撑预制构件生产成本核算的平台。表格核算法需要依靠众多部门和单位支持,专业性要求高。其优点是比较简洁明了、直观易懂、易于操作、适时性较好。缺点是覆盖范围较窄,核算债权债务等比较困难,且较难实现科学严密的审核制度,有可能造成数据失实,精度较差。

(2)会计核算法。它是指建立在会计核算基础上,利用会计核算所独有的记账法和收支全面核算的综合特点,按照成本内容和收支范围,组织成本的核算。不仅要核算预制构件的直接成本,而且要核算生产过程中出现的债权债务、为生产而自购的工具、器具摊销。其优点是核算严密、逻辑性强、人为调节的可能因素小、核算范围较大,但对核算人员的专业水平要求较高。

由于表格核算法具有便于操作和表格格式自由的特点,可以根据企业管理方式和要求设置各种表格。因此,对工厂内各岗位成本的责任核算比较实用。装配式建筑构件厂除对整个企业的生产经营进行会计核算外,还应在车间设成本会计,进行成本核算,减少数据的传递,提高数据的及时性,便于与表格核算的数据接口,这将成为装配式建筑预制构件成本核算的发展趋势。

总的来说,用表格核算法进行车间各岗位成本的责任核算和控制,用会计核算法进行成本核算,两者互补,相得益彰,确保成本核算工作的开展。

2.2.1.3 成本费用的归集和分配

进行成本核算时,能够直接计入有关成本核算对象的,直接计入;不能直接计入的,采用一定的分配方法分别计入各成本核算对象成本,然后计算出生产预制构件的实际成本。

(1)人工费。人工费计入成本的方法,一般应根据企业实行的具体工资制作而定。在实行计件工资制度时,所支付的工资一般能够分清收益对象,应根据"工程任务单"和"工资计算汇总表"将归集的工资直接计入成本核算对象的人工费成本费用中。实行计时工资制度时,在只存在一个成本核算对象或者所发生的工资能分清是服务于哪个成本核算对象时,方可将之直接计入;否则,就需要将所发生的工资在各个成本核算对象之间进行分配,再分别计入。一般采用实用工时比例或定额工时比例进行分配。计算公式如下:

$$工资分配率 = \frac{生产单个预制构件工人工资总额}{所有预制构件生产实用工时(或定额工时)总和} \quad (5-8)$$

$$某个预制构件应分配的人工费 = 所有预制构件实用工时 \times 工资分配率 \quad (5-9)$$

(2)材料费。生产预制构件所耗用的材料,应根据限额领料单、退料单、报损报耗单,大堆材料耗用计算单等计入生产成本。凡领料时能点清数量、分清成本核算对象的,应在有关领料凭证(如限额领料单)上注明成本核算对象名称,据以计入成本核算对象。领料时虽能点清数量但需集中配料或统一下料的,则由材料管理人员或领用部门,结合材料消耗定额将材料费分配计入各成本核算对象。领料时不能点清数量和分清成本核算对象的,由材料保管人员或保管员保管,月末实地盘点结存数量,结合月初结存数量和本月购进数量,倒推出本月实际消耗量,再结合材料耗用定额,编制"大堆材料耗用计算表"据以办理材料退库手续,同时冲减相关成本核算对象的材料。生产中的残次材料和包装物,应尽量回收再用,冲减成本费用。

(3)机械使用费。按自由机械和租赁机械分别加以核算。从外单位或本企业内部独立核算的机械站租入机械支付租赁费,直接计入成本核算对象的机械使用费。如租入的机械是为两个或两个以上的预制构件生产服务,应以租入机械所服务的各个收益对象提供的作业台班数量为基数进行分配,计算公式如下:

$$平均台班租赁费 = 支付的租赁费总额 / 租入机械作业总台班数 \tag{5-10}$$

自有机械费用应按各个成本核算对象实际使用的机械台班数计算所分摊的机械使用费,分别计入不同的成本核算对象成本中。

在机械使用费中,占比重最大的往往是机械折旧费。按现行财务制度规定,厂房机械计提折旧一般采用平均年限法和工作量法。技术进步较快或使用寿命受工作环境影响较大的机械和运输设备,经国家财务主管部门批准,可采用双倍余额递减法或年数总和法计提折旧。

(4)措施费。凡能分清受益对象的,应直接计入受益成本成本核算对象中。与若干个成本核算对象有关的,可先归集到措施费总账中,月末再以适当的方法分配计入有关成本核算对象的措施费中。

(5)间接成本。凡能分清受益对象的间接成本,应直接计入受益成本核算对象中去。否则先在"间接成本"总账中进行归集,月末再按一定的分配标准计入受益成本核算对象中。分配的方法:土建工程是以实际成本中直接成本为分配依据,安装工程则以人工费为分配依据。计算公式如下:

$$土建(安装)工程间接成本分配率 = \frac{土建(安装)工程分配的间接成本总额}{全部土建工程直接成本(安装工程人工费)总额} \tag{5-11}$$

$$某土建(安装)工程分配的间接成本 = 该土建工程直接成本(安装工程人工费) \times$$
$$土建(安装)工程间接成本分配率 \tag{5-12}$$

2.2.2　装配式建筑构件成本分析

成本分析是揭示装配式建筑构件成本变化情况及其变化原因的过程。成本分析为成本考核提供依据,也为未来的成本预测与成本计划编制指明方向。

2.2.2.1　装配式建筑构件成本分析方法

成本分析的基本方法包括比较法、因素分析法、差额计算法、比率法等。

1.比较法

比较法又称指标对比分析法,是通过技术经济的对比,检查目标的完成情况,分析产生差异的原因,进而挖掘内部潜力的办法。其特点是通俗易懂、简单易行、便于掌握,因而得到广泛应用。比较法的应用通常有下列形式:

(1)将本期实际指标与目标指标对比。以此检查目标完成情况,分析影响目标完成的积极因素和消极因素,以便及时采取措施,保证成本目标的实现。

(2)本期实际指标与上期实际指标对比。通过这种对比,可以看出各项技术经济指标的变动情况,反映项目管理水平的提高程度。

（3）本期实际指标与本行业平均水平、先进水平对比。通过这种对比,可以反映本项目的技术管理和经济管理水平与行业的平均和先进水平的差距,进而采取措施赶超先进水平。

在采用比较法时,可采取绝对数对比、增减差额对比或相对数对比等多种形式。

2.因素分析法

因素分析法又称连环置换法。这种方法可用来分析各种因素对成本的影响程度。在进行分析时,首先要假定众多因素中的一个因素发生了变化,而其他因素则不变,在前一个因素变动的基础上分析第二个因素的变动,然后逐个替换,分别比较其计算结果,以确定各个因素的变化对成本的影响程度。对企业的成本计划执行情况进行评价,并提出进一步的改进措施。因素分析法的计算步骤如下:

（1）以各个因素的计划数为基础,计算出一个总数。

（2）逐项以各个因素的实际数替换计划数。

（3）每次替换后,实际数就保留下来,直到所有计划数都被替换成实际数。

（4）每次替换后,都应求出新的计算结果。

（5）最后将每次替换所得结果,与其相邻的前一个计算结果比较,其差额即为替换的那个因素对总差异的影响程度。

【例 5-1】 某装配式建筑构件厂计划生产预制构件 1 200 m³,按照预制构件消耗量定额规定,每立方米预制构件耗用水泥 111.36 t,每吨水泥的计划单价为 390 元;而实际生产的预制构件工程量 1 500 m³,每立方米预制构件耗用水泥 106.05 t,每吨水泥的实际单价为 420 元。试用因素分析法进行成本分析。

解:预制构件成本计算公式为

预制构件成本=预制构件的工程量×每立方米预制构件耗用水泥的消耗量×水泥的价格

采用因素分析法对上述三个因素分别对预制构件成本的影响进行分析。计算过程和结果见表 5-3。

表 5-3 成本影响分析

计算顺序	预制构件工程量（m³）	每立方米预制构件耗用水泥工程量(t)	水泥的价格（元/t）	水泥成本（元）	差异数（元）	差异原因分析
计划数	1 200	111.36	390	52 116 480		
第一次替代	1 500	111.36	390	65 145 600	13 029 120	工程量增加
第二次替代	1 500	106.05	390	62 039 250	-3 106 350	水泥节约
第三次替代	1 500	106.05	420	66 811 500	4 772 250	价格提高
合计					14 695 020	

以上分析结果表明,实际水泥成本比计划超出 14 695 020 元,主要原因是工程量增加和水泥价格提高引起的。另外,由于节约水泥消耗,使水泥成本节约了 -3 106 350 元,这是好现象,应该总结经验,继续发扬。

3.差额计算法

差额计算法是因素分析法的一种简化形式,它利用各个因素的目标值与实际值的差额来计算其对成本的影响程度。

【例 5-2】　以例 5-1 的成本分析的资料为基础,利用差额计算法分析各因素对成本的影响程度。

解：工程量的增加对成本的影响额 = (1 500－1 200)×111.36×390 = 13 029 120(元)

材料消耗量变动对成本的影响额 = 1 500×(106.05－111.36)×390 = －3 106 350(元)

材料单价变动对成本的影响额 = 1 500×106.05×(420－390) = 4 772 250(元)

各因素变动对材料费用的影响 = 13 029 120－3 106 350+4 772 250 = 14 695 020(元)

两种方法的计算结果相同,但采用差额计算法显然要比因素分析法简单。

4.比率法

比率法是指用两个以上的指标的比例进行分析的方法。其基本特点是先把对比分析的数值变成相对数,再观察其相互之间的关系。常用的比率法有以下几种:

(1)相关比率法。通过将两个性质不同而相关的指标加以对比,求出比率,并以此来考察经营成果的好坏。例如,将成本指标与反映生产、销售等经营成果的产值、销售收入、利润指标相比较,就可以反映项目经济效益的好坏。

(2)构成比率法。又称为比重分析法或者结构对比分析法,是通过计算某技术经济指标中各组成部分占总体比重进行数量分析的方法。通过构成比率,可以观察成本的构成情况,将不同时期的成本构成比率相比较,可以考察成本的构成情况,将不同时期的成本构成比率相比较,可以观察成本构成的变动情况,也可看出量、本、利的比例关系(目标成本、实际成本和降低成本的比例关系),从而为寻求降低成本的途径指明方向。

(3)动态比率法。是将同类指标不同时期的数值进行对比,求出比率,以分析该项指标的发展方向和发展速度的方法。动态比率的计算通常采用定基指数和环比指数两种方法。

2.2.2.2　综合成本的分析方法

所谓综合成本,是指涉及多种生产因素,并受多种因素影响的成本费用,如分部分项成本,月(季)度成本、年度成本等。由于这些成本都是随着预制构件的生产而逐步形成的,与生产经营有着密切的关系。因此,做好上述成本分析工作,无疑将促进生产经营管理,提高工厂的整体效益。

1.分部分项成本分析

分部分项成本分析对于预制构件生产厂来说就是单体构件的生产成本,是成本分析的基础,分部分项成本分析的对象为主要的已生产的装配式预制构件。分析的方法是:进行预算成本、目标成本和实际成本的“三算”对比,分别计算实际成本与预算成本、实际成本与目标成本的偏差,分析偏差产生的原因,为今后的分部分项工程成本寻求节约途径。

分部分项工程成本分析的资料来源是:预算成本是装配式预制构件拆分图纸和装配式补充定额为依据编制的施工预算;目标成本为分解到该分部分项工程上的计划成本,实际成本来自生产任务单的实际工程量、实耗人工和限额领料单的实耗材料。

对分部分项单体预制构件进行成本分析,要做到从生产到出厂进行系统的成本分析,因为通过主要分部分项单体预制构件的系统分析,可以基本了解预制构件形成的全部过程,为今后的成本管理提供宝贵的参考资料。

分部分项(单一类型的构件)工程成本分析的格式见表 5-4。

表 5-4   分部分项(单一类型的构件)工程成本分析

单位工程:_____

分部分项(单一类型的构件)工程名称:_____   工程量:_____   生产班组:_____   生产日期:_____

工料名称	规格	单位	单价	预算成本		目标成本		实际成本		实际与预算比较		实际与目标的比较	
				数量	金额	数量	金额	数量	金额	数量	金额	数量	金额
合计													
实际与预算比较(%)=实际成本合计/预算成本合计×100%													
实际与目标比较(%)=实际成本合计/目标成本合计×100%													
节超原因说明													

2.月(季)度成本分析

月(季)度成本分析是装配式建筑构件定期的、经常性的中间成本分析。通过月(季)度成本分析,可以及时发现问题,以便按照成本目标指定的方向进行监督和控制,保证成本目标的实现。

月(季)度成本分析的依据是当月(季)的成本报表。分析的方法通常包括:

(1)通过实际成本与预算成本的对比,分析当月(季)的成本降低水平;通过累计实际成本与累计预算成本的对比,分析累计的成本降低水平,预测实现成本目标的前景。

(2)通过实际成本与目标成本的对比,分析目标成本的落实情况,以及目标管理中的问题和不足,进而采取措施,加强成本管理,保证成本目标的落实。

(3)通过对各预制构件的成本分析,可以了解成本总量的构成比例和成本管理的薄弱环节。对节超幅度大的成本项目,应深入分析超支原因,并采取对应的增收节支措施,防止今后再超支。

(4)通过主要技术经济指标的实际与目标对比,分析产量、工期、质量、"三材"节约率、机械利用率等对成本的影响。

(5)通过对技术组织措施执行效果的分析,寻求更加有效的节约途径。

(6)分析其他有利条件和不利条件对成本的影响。

3.年度成本分析

由于装配式预制构件的生产周期比较短,一般只需要进行月(季)度成本核算和分析,不需要进行年度成本分析,但是通过年度成本的综合分析,可以总结一年来成本管理的成绩和不足,为今后的成本管理提供经验和教训。

年度成本分析的依据是年度成本报表。年度成本分析的内容,除月(季)度成本分析的六个方面外,重点是针对下一年度的预制构件生产情况规划切实可行的成本管理措施,以保证成本目标的实现。

通过以上分析,可以全面了解预制构件生产的成本构成和降低成本来源,这对今后同类型的工程的成本管理很有参考价值。

第 3 节 装配式建筑构件成本控制

3.1 成本控制概述

预制构件生产成本控制规定了单位或分部、分项工程的人工、材料、机械台班消耗量,是装配式构件生产企业加强经济核算、控制工程成本的重要手段。预制构件的成本一般由人工费、材料费、措施费、运费、管理费和利润、税金共六部分构成。其中材料费约占 30%,人工费、措施费、运费三项合计约占 40%,管理费、利润、税金三项约占 30%。

预制构件生产成本计算步骤如下:

(1)根据拆分图纸计算所有预制构件的工程量。

(2)套装配式构件补充定额。

(3)进行人工、材料、机械台班用量分析和汇总。

(4)进行成本对比。

3.1.1 成本控制的依据

(1)经过会审的装配式构件生产拆分图纸、会审纪要及有关标准。

(2)装配式构件补充定额和装配式构件消耗量定额。

(3)装配式构件生产方案。

(4)人工工资标准、机械台班单价、材料价格。

3.1.2 成本控制的方法

3.1.2.1 实物法

根据装配式构件生产图纸、装配式构件补充定额和消耗量定额,结合装配式构件生产方案所确定的装配式构件生产技术措施,计算出工程量后,套装配式构件补充定额,结合装配式构件的消耗量定额分析人工、材料以及机械台班消耗量。

3.1.2.2 单位估价法

根据装配式构件生产拆分图纸、装配式构件补充定额计算出工程量后,再套用装配式构件补充定额,逐项计算出人工费、材料费、机械台班费。

3.2 成本控制的主要内容

3.2.1 人工费的控制

在装配式构件生产成本控制中,人工费约占建安成本的 40%,因部分项目管理经验不足、构件吊装效率不高、现场施工经验不足导致人工费的控制具有较大的难度。尽管如此,也可以通过下达构件生产任务单、加强从业人员能力建设、控制支出等措施来着手解决。

3.2.1.1 下达构件生产任务单

按定额人工费控制构件生产中的人工费,尽量以下达构件生产任务单的方式用工。如产生预算定额以外的用工项目,应按实签证。

按预算定额的工日数核算人工费,一般应以一个分部或一个工种为对象进行。因为定额具体的分项工程项目由于综合的内容不同,可能与实际情况有差别,从而产生用工核定不准确的情况。但是,只要在更大的范围内执行,其不合理的因素就会逐渐被克服,这是由定额消耗量具有综合性特点决定的。所以,下达构件生产任务单时,应以分部或工种为对象进行较为合理。

3.2.1.2 加强从业人员能力建设

组织开展相关人员分类培训,包括开发设计、部品生产、施工装配、检验检测、监理等全产业链的从业人员;在产业工人培训方面,加快培养管理领域技术人才,包括实操技术人员、职业技术工人等,提高操作人员的工作效率,降低构件生产、安装人工成本。

3.2.2 材料费的控制

材料费是构成装配式构件生产成本的主要内容。由于材料品种和规格多、用量大,所以其变化的范围也较大。因而,只要工厂在生产预制构件时能控制好材料费的支出,就掌握了降低成本的主动权。

材料费的控制应从以下几个方面考虑。

3.2.2.1 以最佳方式采购材料,努力降低采购成本

(1)选择材料价格、采购费用最低的采购地点和渠道。

(2)建立长期合作关系的采购方式。建筑材料供应商往往以较低的价格给老客户,以吸引他们建立长期的合作关系,以薄利多销的策略来经销建筑材料。

(3)按工程进度计划采购供应材料。在装配式构件生产的各个阶段,装配式构件生产现场需要多少材料进场,应以保证正常的装配式构件生产进度为原则。

3.2.2.2 根据实际情况确定材料规格

在装配式预制构件生产中,当材料品种确定后,材料规格的选定对节约材料有较重要的意义。例如,装饰保温一体化的预制墙体(见图 5-2)在做装饰时,当预制墙体高为 2 730 mm,宽为 2 480 mm 时,选用哪种规格的贴面砖较合理? 通过市场调查,符合预制墙体用的墙砖有 100 mm×100 mm、100 mm×200 mm、100 mm×250 mm、200 mm×300 mm、250 mm×300 mm、250 mm×400 mm、300 mm×450 mm 等规格,假如每个规格的墙砖每平方米的价格是一样的,怎样选择最合理?

图 5-2 预制装饰保温一体化外墙

上述问题中规格不同,但是每平方米价格是一致的,可以通过采用哪个规格墙砖的损耗最低的原则来选定,但要注意预制外墙板贴墙砖时,缝要对齐,所以只能选择其中一种规格,不能混用。分析过程如下:

1. 以预制墙板宽计算

100 mm×100 mm 规格:预制墙板贴这种规格的墙砖需要 24 块,8 个灰缝,每个灰缝宽 10 mm;200 mm×300 mm 规格:预制墙板贴这种规格的墙砖需要 12 块,8 个灰缝,每个灰缝宽 10 mm;250 mm×400 mm 规格:预制墙板贴这种规格的墙砖需要 9 块,板边切掉 23 mm;300 mm×450 mm 规格:预制墙板贴这种规格的墙砖需要 9 块,板边切掉 80 mm。

100 mm×100 mm 规格和 200 mm×300 mm 规格都没有浪费,而 250 mm×400 mm 规格和 300 mm×450 mm 规格都有浪费,所以合理选材比较重要。

2. 以预制墙板高计算

100 mm×100 mm 规格:预制墙板贴这种规格的墙砖 27 块,板边需要切掉 30 mm;200 mm×300 mm 规格:预制墙板贴这种规格的墙砖需要 13 块,板边需要切掉 130 mm;250 mm×400 mm 规格:预制墙板贴这种规格的墙砖需要 10 块,板边需要切掉 230 mm;300 mm×450 mm 规格:预制墙板贴这种规格的墙砖需要 9 块,板边需要切掉 30 mm。

300 mm×450 mm 规格的墙砖浪费比较少,而 200 mm×300 mm 规格和 250 mm×400 mm 规格的墙砖材料浪费比较多,所以选用 300 mm×450 mm 规格的墙砖粘贴外墙板比较合理。

3.2.3 周转料具的控制

固定模台、PC 构件生产线、钢筋加工线等周转工具的合理使用,也能达到节约和控制材料费的目的,这一目标可以通过以下几项措施来实现:

(1)合理控制预制构件生产进度,减少固定模台、PC 构件生产线、钢筋加工线的总投入量,提高其周转使用效率。由于占用的模块少了,也就降低了模块摊销费的支出。

(2)控制好工期,做到不拖延工期或合理提前工期,尽量降低模块的占用时间,充分提高周转使用率。

(3)做好周转材料的保管、保养工作,及时除锈、防锈,通过延长周转使用次数达到降低摊销费用的目的。

(4)合理设计预制构件生产现场平面布置。材料堆放场地合理是指根据现有的条件,合理布置各种材料或构件的堆放地点,尽量不发生或少发生一次搬运费,尽量减少装配式构件生产损耗和其他损耗。

第 4 节 装配式建筑经济技术分析

4.1 装配式建筑增量成本

装配式混凝土建筑与传统现浇混凝土建筑在采暖工程、给排水工程、电气工程等分部工程中区别不大,主要差异体现在安装工程费上。表 5-5 是施工结构形式相同、建筑高度相近、施工时间相近的装配式混凝土项目与传统现浇混凝土项目的增量成本统计。

表 5-5　部分项目建造部分增量成本统计

项目	建筑性质	单体层数（层）	预制率（%）	结构形式	抗震设防烈度（度）	增量成本（元/m²）	项目规模
项目 1	住宅	18	42.5	剪力墙	8	505	2 栋
项目 2	住宅	18/24	63	剪力墙	7	221.51	25 栋
项目 3	住宅	22	60	剪力墙	6	473.19	1 栋
项目 4	住宅	23	46	剪力墙	6	431.23	6 栋
项目 5	住宅	18	30	剪力墙	6	260.45	2 栋
项目 6	住宅	18	52	剪力墙	7	307.49	16 栋
项目 7	住宅	30/32/33	38	剪力墙	7	261.32	6 栋
项目 8	住宅	34	20	剪力墙	7	143.42	1 栋
项目 9	住宅	13	30	剪力墙	7	492	1 栋
项目 10	住宅	17	47.6	剪力墙	6	286	9 栋
项目 11	公建	4	71	框架	7	459	1 栋
项目 12	公建	3	31	框架	7	560	1 栋

（1）抗震设防烈度为 6~8 度、预制率 30% 以上的装配式建筑,比传统现浇方式的建安成本增加 200~500 元/m²。部分成本增量较大的项目多为规模较小的试验性工程,部分预制率低的项目成本增量约 150 元/m²。

（2）构件的预制做法和现浇做法的造价差异,如较现浇方式建筑面积每平方米预制外墙增加 69 元,预制内墙增加 104 元,楼梯增加 17 元,楼板降低 13 元。

（3）增加预制构件生产、运输、吊装费用,墙板和楼板拼缝处理费用等。

（4）目前,国内尚未形成成熟的装配式建筑劳务分包市场,产业工人严重缺乏,现场管理薄弱,施工环节出现人员窝工、工序矛盾等现象,无法有效提高效率、降低人工费。

（5）除建安部分外,装配式建筑的设计费、造价咨询费、工程监理费也有所增加。

（6）当前装配式建筑的规模化优势未充分发挥,导致部分增项超出合理范围,减项部分变化不明显。具体包括预制构件价格过高、标准化程度低、设计生产施工环节脱节、管理经验不足、产业工人缺乏等。例如预制夹芯保温板,如预制构件生产工厂专门为一栋楼生产构件,出厂价格约为 3 500 元/m³,而如果能够为较大规模的项目供应标准化程度较高的构件,其出厂价格可降低到 2 400~2 700 元/m³。以某预制率 45% 左右的项目为例,该措施可为建安部分的成本由原来较现浇模式增加 500 元/m² 降低到增加 200 元/m²。

4.2　装配式建筑建安成本降低的主要因素

（1）装配式建筑与现浇方式相比,建安成本减少部分主要包括钢筋工程、混凝土工程、砌筑工程、抹灰工程的支出以及措施费等,同时节省人工费,如钢筋工减少 53%,混凝土工减少 33%,模板工减少 50%。如能实现大规模流水施工,人工费可进一步降低。

（2）在主体结构装配式和全装修同步实施的前提下,装配式建筑整体工期至少缩短 3

个月以上。

（3）建筑造型复杂，预制构件种类越多，成本越高。实现预制构件的工业化和标准化，进行装配式建筑构件的生产和组装，可有效降低成本。

综上所述，影响装配式建筑成本的因素可分为两大类，一是建造方式的改变带来的成本差异，二是通过技术革新、管理改进和政策调整避免成本增加。对于一个建设工程项目，装配式建筑与传统现浇模式施工的成本差异主要体现在现场施工环节，因而成本方面的差异主要体现在建筑安装工程费方面。

造成装配式工程建造成本偏高的主要原因是预制构件价格和安装费用，预制构件的价格组成较为复杂，既包括生产过程中投入的原材料、机械、人工及运输和安装费用，也包括土地、厂房、设备等固定资产投入及生产管理费用等。

生产成本控制是装配式构件生产企业为了适应构件厂内部管理的需要，按照核算的要求，根据装配式构件生产图纸、装配式构件补充定额、装配式构件生产组织设计，考虑挖掘企业内部潜力由装配式构件生产单位编制的技术经济文件。

习　题

一、问答题

1.固定资产折旧摊销的计算方法有几种？

2.对于装配式建筑构件，主要从哪几方面进行成本费用的归集和分配？

3.装配式建筑构件成本分析中，比较法主要是从哪些方面进行详细对比分析成本的？

4.建筑构件成本管理的方法有几种？

5.装配式建筑，建安成本降低的主要因素有哪些？

6.装配式建筑构件成本分析方法有几种？

二、案例题

某装配式建筑构件厂计划生产预制构件 1 300 m³，按照预制构件消耗量定额规定，每立方米预制构件耗用水泥 111.36 t，每吨水泥的计划单价为 390 元；而实际生产的预制构件工程量 1 600 m³，每立方米预制构件耗用水泥 106.05 t，每吨水泥的实际单价为 420 元。试用因素分析法进行成本分析。

参 考 文 献

［1］ 中华人民共和国住房和城乡建设部.装配式建筑工程消耗量定额:TY 01-01(01)-2016［S］.北京:中国
计划出版社,2016.

［2］ 住房和城乡建设部标准定额研究所.建设工程工程量清单计价规范:GB 50500—2013［S］.北京:中国计
划出版社,2013.

［3］ 河南省建筑工程标准定额站.河南省房屋建筑与装饰工程预算定额:HA 01-31-2016［S］.郑州:中国建
材工业出版社,2016.

［4］ 柯洪.建设工程计价［M］.北京:中国计划出版社,2017.

［5］ 李惠玲,等.推进建筑工业化发展面临的问题与对策［J］.建筑经济,2017(08),16.

［6］ 颜和平,等.装配式建筑工程与传统建设工程成本对比研究［J］.建筑知识,2017(06),58.